湛庐 CHEERS

与最聪明的人共同进化

HERE COMES EVERYBODY

光子 译　　　　　　　　　　　　　[加]保罗·布卢姆 著
　　　　　　　　　　　　　　　　　Paul Bloom

欲望的
新科学

HOW
PLEASURE
WORKS

中国纺织出版社有限公司

 **关于人类的喜好，你了解多少?**

扫码激活这本书
获取你的专属福利

扫码获取全部测试题及答案，
跟着心理学家探索喜好的
奥秘!

- 耶鲁大学最受欢迎、最风趣的心理学教授保罗·布卢姆认为，痛苦是有价值的吗（ ）

  A. 是

  B. 否

- 人类的快乐清单是天生的，后天无法再增加，这是对的吗（ ）

  A. 对

  B. 错

- 我们身处现代社会，但心理状态还停留在石器时代，这种错位给我们带来诸多不幸，比如（ ）

  A. 看到奶油蛋糕就想大快朵颐

  B. 在高速公路上被别人粗鲁对待就想立刻反击

  C. 在网上收到冒犯性的评论就自动卷入口水战

  D. 以上全部

扫描左侧二维码查看本书更多测试题

Paul Bloom
保罗·布卢姆

"耶鲁大学最受欢迎的心理学教授"。
普惠大众的明星科学家

"耶鲁大学最受欢迎的心理学教授"

保罗·布卢姆出生于加拿大魁北克省的一个犹太家庭。1990—1999年,他在亚利桑那大学教授心理学和认知科学,并于1999年起任耶鲁大学心理学和认知科学教授,然后于2021年加入多伦多大学心理学系,同时也是耶鲁大学心理学名誉教授。

在耶鲁大学任教期间,布卢姆是学校公认的最受欢迎的教授之一。2007年,他的"心理学导论"课程被耶鲁大学选为最受欢迎的课程之一,并通过网络向全球开放,目前已有数百万人受益。后来他又完成了第二门名为"日常生活道德"的大型开放式网络课程,向数万名学生讲授道德心理学。2004年,他获得了耶鲁大学颇负盛名的莱克斯·希克森社会科学领域杰出教师奖。2006年,他又因为"对心理学科学的持续杰出贡献"被授予美国心理学协会(APS)会士。

横跨众多研究领域的美国哲学与心理学协会前主席

2002年,布卢姆因为在早期职业生涯中对哲学和心理学跨学科研究的杰出贡献而获得了美国哲学与心理学协会(SPP)颁发的斯坦顿奖,并在2005—2006年担任该学会的主席。而在10余年前,布卢姆就已经开始了他横跨多个领域的研究,"跨界者"和"变革者"是他在学界同行眼中的典型标签。

1990年,他和著名语言学家史蒂芬·平克共同发表了轰动学界的论文《自然语言和自然选择》，该论文回顾并批驳了诺姆·乔姆斯基提出的关于"语言不是进化的产物"的相关论断，被公认为"是概述有关语言进化的讨论的极好开端"。该论文发表后的10年中，关于语言进化的研究在文献中的增速比之前提高了10倍。

布卢姆还通过大量研究颠覆了人们对快乐与痛苦的普遍认知，指出"我们并不是基于简单的感官享受而去追求快乐，我们甚至会在某些情况下主动寻求痛苦"。2011年，布卢姆因对快乐的相关研究而获得了美国心理学会颁发的威廉·詹姆斯奖。《纽约时报》不无赞赏地指出了其研究的内核："布卢姆追求的是比单纯感觉良好更深层次的东西。他分析了我们的大脑是如何进化出某些认知技巧来帮助我们应对物质世界和社会世界的。"

2016年，布卢姆再次抛出被平克形容为"令人震惊"的论断，在《摆脱共情》一书中，他推翻了学者和大众普遍认同的"共情就是好的"这一假设，揭示共情才是人类冲突中最深刻但长久被忽视的根源之一。该书因改写了人们对共情的普遍认知而受到广泛关注，被评为"《纽约邮报》2016年最值得关注的图书""2016年12月亚马逊最佳图书"。

布卢姆还是思维与发展实验室（Mind and Development Lab）的负责人，该实验室的所有项目都有很强的跨学科性，横跨认知科学、社会和发展心理学、进化学、语言学、神学和哲学等学科，在这些学科间的游走与碰撞中，布卢姆带领其实验室成员一次又一次地走在了科学发现的最前沿。

发现"婴儿的道德感"的儿童发展心理学家

作为世界知名的儿童发展心理学家，布卢姆着眼于人类是如何发展道德观念、道德自我和自由意志的，弥合了道德心理学和认

知心理学之间的鸿沟。2000 年，他因为对儿童如何学习词汇含义的出色研究获得美国出版商协会颁发的心理学卓越奖。而他更著名的成就当属发现婴儿的道德感。

布卢姆和妻子卡伦·薇恩是著名的耶鲁伉俪，薇恩在退休前是耶鲁大学心理学和认知科学教授，还是著名的婴儿研究员。布卢姆带领薇恩等人进行的一项研究发现，在面对帮助他人的"好人"和伤害他人的"坏人"之间，婴儿会天然地选择"好人"。这一结论有力地驳斥了人类生来就没有任何道德情感的观念，指出我们有某种与生俱来的道德感。

布卢姆因为这项研究在 2017 年获得了奖金达 100 万美元的克劳斯·J.雅各布斯研究奖，该奖项旨在表彰全球对研究和改善儿童发展和生活条件做出科学贡献的个人。雅各布斯基金会宣传负责人亚历山德拉·金策尔对此称赞道："布鲁姆关于婴儿在发展过程中培养善恶鉴赏能力的研究对教育工作者、临床医生和政策制定者具有深远的影响，了解婴儿何时以及如何发展道德心理有助于促进人类的道德发展，并为建立更公正的社会的各种计划和干预措施奠定了基础。"

普惠大众的明星科学家

布卢姆不仅是一位优秀的科学研究者、发现者，还致力于通过演讲、公开课和写作等形式将前沿的科学研究成果普及给大众。他是《科学》杂志评出的 Twitter 上最有影响力的 50 位明星科学家之一，是 TED 演讲中关于快乐的科学话题最受欢迎的演讲者之一，他的演讲、对谈和课程的视频在 YouTube 上反响强烈，观看量近千万次。

自 2003 年以来，布卢姆一直担任学术期刊《行为与脑科学》的联合编辑。他还持续将研究成果发表在《自然》和《科学》等科学期刊以及《纽约时报》《卫报》《美国科学家》《纽约客》《大西洋月刊》《石板》等主流媒体上，并担任《大西洋月刊》的特约撰稿人。他在《大西洋月刊》中的文章《上帝是意外吗？》荣获 2006 年美国最佳科学写作奖。他的著作畅销全球，深受科学爱好者的追捧，包括《欲望的新科学》《苦难的意义》《摆脱共情》《善恶之源》等 6 本书，常年占据各大销售榜单。

作者演讲洽谈，请联系
BD@cheerspublishing.com

更多相关资讯，请关注

湛庐文化微信订阅号

中文版序

谁在左右着我们的喜好与快乐

我很高兴能将本书呈现给中国读者。

这是一本关于喜好和品味的书，更是一本探究喜好背后的快乐的书，讲的是日常生活中的种种快乐。在这些快乐中，有些是人类与动物共有的，如食色之乐；也有一些是人类独有的，如阅读小说或鉴赏艺术品带来的快乐。尽管本书探讨了很多主题，但有一个核心主旨贯穿始终：快乐是有深度的。人类对事物的兴趣并不局限于表象，还与事物固有的本质属性或本质有关。确切地说，我们对事物的认识会影响我们的快乐。

我曾经研究过儿童对艺术的了解程度，也是从那时起，我开始研究人类的快乐。我做过几项实验，并通过这些实验发现，儿童对艺术品背景与历史的理解，如作者是谁、创作目的是什么等，会影响他们对艺术品的分辨与鉴赏。于是，我很自然地想到了其他类似的问题，如为什么儿童和成年人都热爱艺术，为什么艺术品的背景与历史会深刻地影响人们的喜好，并由此引出了一个更有普遍意义的主题：探寻带给人们快乐的事物背后的秘密，找出左右人类好恶的原因。这正是本书的精髓所在。

当然，我们在考虑快乐的普适性时，不能忽视文化传统的力量。我去过中国，并了解到东西方文化的差异非常大，希望本书的表达方式能被中国读者接受。此外，不同文化对事物本质的界定也不同。在不同的文化中，人们对人或事物是否具有隐形的本质属性、精神或灵魂的看法截然不同，这导致不同的文化产生了不同的快乐类型与快乐"哲学"。

不过在我看来，有些快乐超越了文化差异，是全人类共有的，如口腹之欲。在我小时候，西方人觉得中餐很古怪，我猜当时的中国人肯定也觉得西餐很古怪。但时至今日，很多西方人都喜欢上了中餐，我也不例外。可见，虽然东西方饮食文化存在差异，但并没有影响西方人热爱中餐。推此及彼，其他方面可能也存在这种超越文化差异且具有普适性的快乐。

总而言之，本书探讨的都是很有意思的话题，希望中国读者能喜欢，并能给出宝贵的意见。

目 录

引　言　人类生来就有固定的快乐清单　001

固定的快乐清单，后天无法再增加　004
事物的本质属性，决定了如何对其定义与分类　007
警惕本质主义的偏见　011
儿童是天生的本质主义者　013
将同类个体区分开来的"生命力"本质　017
探寻欲望与快乐的源泉　021

**第1章　人间至味是清欢：
　　　　什么决定了我们的饮食偏好　025**

你是不是个"超级品鉴家"　027
我们为什么不吃看起来恶心的东西　032
你吃什么，决定了你是什么样的人　035
感官和思维共同决定了我们对食物的看法　038
人类的喜好是有深度的　045

第2章　只愿君心似我心：
爱与性的愉悦为什么是永恒的主题　　049

什么是繁衍的头号杀手　　052
越来越复杂的性　　056
外表不是唯一的决定因素　　058
3个问题帮你找对伴侣　　064
关于婚姻的是非题　　072
我爱你是因为你是你　　078
"爱不是用眼睛看，是用心感受"　　080

第3章　除却巫山不是云：
为什么有些东西永远无可替代　　083

我们依据什么衡量事物的价值　　087
与物品的共同经历，影响着人们对它的评价　　091
名人效应　　093
物品的魔力：让人睹物思人，又是原物主的一部分　　095
物品是独立的个体，而非属性的总和　　099
它们的无可替代源于"经历"的本质　　106

第4章　衣带渐宽终不悔：
为什么我们会对艺术表现力孜孜以求　　109

为何人人都是真迹控　　113
耳朵的盛宴：音乐是人类独有的快乐来源　　117
实物的逼真写照能像实物本身一样带给人快乐　　124

目录

　　艺术是一种自我表现　　127
　　人们对原作的历史着迷，才会对原作情有独钟　　135
　　对艺术品的评价，取决于人们看待它的方式　　139
　　体育运动和艺术都是人类本质主义观的外在表现　　144
　　丑陋的艺术也能带给人快乐　　147

第5章　庄生晓梦迷蝴蝶：为什么想象力让我们沉浸在快乐中　151

　　从游戏中获得快乐　　154
　　元表征是想象力带来快乐的核心　　157
　　故事带来快乐　　161
　　从角色与自己、现实与虚拟的双重视角获得快乐　　163
　　从小说中获得快乐，是进化的意外，而非必然　　169
　　虚拟与真实结合，让快乐加倍　　171

第6章　古来苦乐即相倚：为什么我们会在"自找苦吃"中获得愉悦　175

　　出色的故事，就是让人分不清现实和虚拟　　178
　　安全感与快乐　　184
　　为什么孩子比成年人更能体会到快乐　　186
　　恐惧和悲痛会带来愉悦感　　190
　　为最糟糕的事做好准备　　194
　　主动选择痛苦　　197
　　白日梦就是快乐的演练场　　198

| 结 语 | 深度愉悦：
探寻更深刻、更复杂的本质 | 205 |

进化的本能只会要求自我满足，而非自我优化　　207
永不停歇的好奇心　　212
敬畏感是促使我们不断探索的动力　　215
想象力造就一场"思想实验"　　218

引 言

人类生来就有固定的快乐清单

赫尔曼·戈林（Hermann Goering）曾是希特勒的指定接班人，在因"反人类罪"被处死之前，有一件事使他意识到，他曾有过的某种快乐被人偷走了。当时，用一位目击者的话说，戈林看上去"好像生平第一次知道世界上有罪恶的存在"。

这种"罪恶"指的就是，荷兰画家、艺术品收藏家汉·凡·米格伦（Han van Meegeren）骗了戈林。第二次世界大战期间，戈林用137幅名画跟米格伦交换了落款为约翰内斯·维米尔（Johannes Vermeer）的画作《耶稣和通奸的女人》（Christ and the Adulteress），这137幅名画现在总价值超过1 000万美元。戈林跟希特勒一样，都是狂热的艺术品收藏家，在欧洲各地搜刮艺术品。他疯狂地崇拜维米尔，《耶稣和通奸的女人》是他最喜欢的一件藏品。

第二次世界大战结束后，盟军发现了这幅画，并得知是米格伦卖给戈林的。米格伦因此被逮捕，并以"将荷兰大师的作品出卖给纳粹"的名义受到审判。这可是叛国行为，按律可判死刑。

在监狱里待了 6 个星期后，米格伦终于认罪了，不过他认的不是叛国罪，而是另一种罪名：欺诈罪——他卖给戈林的是自己画的赝品，并非维米尔的真迹。他同时还承认，他画了很多类似的赝品，包括《在以马忤斯的晚餐》(The Supper at Emmaus)。

起初，没人相信米格伦的话，为了检验他说的是否属实，法官要求他重新画一幅维米尔的赝品。米格伦花了整整 6 个星期作画，在此期间，无数的记者、摄影师以及电视摄制组都来抢新闻，而他则用大量的酒精与吗啡来辅助自己作画。荷兰的一家小报曾这样报道："他为了活命而作画！"最后，米格伦绘制出了一幅维米尔风格的画作，这幅画比他卖给戈林的那幅还逼真。最终，米格伦因被判罪名较轻的欺诈罪入狱一年。不过，他在服刑前就去世了，并被认为是一个民间英雄——他欺骗了纳粹。

稍后我们再讨论米格伦，先来说说被骗的戈林吧。当他得知自己最心爱的藏品居然是赝品时，会是怎样的心情啊！在很多方面，戈林都不是普通人，他极其自恋，对他人的痛苦与遭遇异常冷漠无情，某个曾经采访过他的记者将他描述为"十分友好的精神病患者"。他在得知自己被骗之后感到十分震惊，但这其实不足为奇。这种震惊部分来自被骗后的羞愧感，但不尽是如此，因为就算没有被骗，而是由于他人的无心之过让戈林得知自己的心头爱是赝品，那种因拥有真迹而产生的快乐也会慢慢消失。毕竟，买一幅维米尔的画能带来的快乐主要建立在画是真迹的基础上，而如果画是赝品，那么买画的快乐就会逐渐消失；相反，如果发现买的复制品或仿制品是真迹，那么买画的快乐就会大大增加，画的价值也会提升不少。

不仅是艺术品，能带给我们快乐的其他日常物品也是如此，我们对某个物品的背景与历史的不同看法会带来不同的快乐。如以下几样物品：

- 肯尼迪总统的一把卷尺（在拍卖中卖出了48 875美元）；
- 2008年，一名伊拉克记者朝小布什扔的鞋子，据说被一名沙特富翁以千万美元的价格买走了；
- 马克·麦圭尔（Mark McGwire）打出第70个全垒打的棒球，后来被加拿大企业家托德·麦克法兰（Todd McFarlane）以300万美元的价格买走。麦克法兰是棒球收集者，拥有世界顶级的棒球藏品；
- 首位登上月球的宇航员尼尔·阿姆斯特朗的亲笔签名；
- 戴安娜王妃结婚礼服的设计样本；
- 孩子出生后穿的第一双鞋；
- 婚戒；
- 孩子的泰迪熊玩具。

以上这些物品都有超出其实用价值的特殊价值。虽然并不是人人都喜欢收藏，但据我所知，每个人都会有一两样特殊的物品。这些物品可能和某个令人崇拜的明星有关，可能和某个意义非凡的事件有关，也可能和某个特别的人有关，它们背后的历史与经历赋予了其特殊价值。这些特殊物品带来的快乐是同类物品无法给予的，是独一无二的。这正是本书所要讨论的快乐的神奇之处。

固定的快乐清单，后天无法再增加

有些快乐比较容易理解，如人在喝水时感受到的快乐。为什么渴了之后，喝水会给我们带来很大的快乐？为什么长时间不让一个人喝水会让他痛苦难当？这很好理解，因为作为一种动物，人需要水来维持生命，所以人会想方设法去找水源：找到水会有奖励，即感到快乐；找不到水则会受到惩罚，即感到痛苦。

这种解释简单明了且非常准确，但随即又产生了另一个问题：快乐与生存之间为何衔接得如此天衣无缝？我们不能事事如意，不可能得到每一样想要的东西，但清楚地知道自身需要什么，这会给我们带来很大的方便。当然，没有人会认为这是巧合。有神论者会说，快乐与生存之间的这种联系是上帝的杰作：上帝想要人类长寿，多繁衍后代，所以上帝就将人对水的渴望植入人类思想中。进化论者会说，这种联系是自然选择的产物：远古时期，积极主动地寻找水源的人比不去找水源的人更有繁衍优势。

更广泛地讲，进化论认为，用快乐刺激某种特定行为有益于基因的进化。我一直认为，与有神论相比，进化论能更好地解释思维运转

引　言　人类生来就有固定的快乐清单

的过程。**进化的目的就是让生物体寻求快乐，远离痛苦。**

绝大多数非人类动物的快乐都能用以上观点来印证。如果你想训练自己的宠物，你不会把听诗歌朗诵或看歌剧当作奖励，而会给它们一种符合进化论的奖励，如好吃的点心。动物喜欢食物、水和交配，它们累了就想要休息，一旦被别人喜欢，就会觉得心满意足。它们喜欢一切进化生物学家认为它们应该喜欢的东西。

那么人类呢？人类也是动物的一种，因此人类也拥有很多其他动物拥有的快乐。心理学家史蒂芬·平克（Steven Pinker）[①]指出："人们在以下几种情况下觉得最幸福：健康、营养充足、生活舒适、安全、有前途、知识渊博、受人尊敬、有伴侣以及感受到被人爱着。"以上这些会给人带来很多快乐，黑猩猩、狗和老鼠等动物也同样渴望属于它们的快乐。对动物来说，寻求健康、食物和舒适等都是有百利而无一害的，所以一旦目标达成，它们就能从中获得快乐。

不过，以上列举的几种情况依然不够全面，少了艺术、音乐、小说、感性思维和宗教，可能这些也不是人类独有的。我曾听从事灵长类动物研究的学者说过，一些圈养的灵长类动物会保留"安全毯"，也有报道说大象和黑猩猩能进行艺术创作。我对此持怀疑态度，稍后

[①] 当代最伟大的思想家之一，哈佛大学心理学教授。平克在他的经典著作《当下的启蒙》中对当前世界进行了全景式评述，让读者了解人类现状的真相、人类面临的挑战以及应对方法。此外，他在"语言与人性"四部曲《语言本能》《心智探奇》《白板》《思想本质》中，分别探讨了人类语言、人类心智、人类本性以及语言与思想等领域，影响深远。这几部著作的中文简体字版均已由湛庐引进。——编者注

我会谈到这一点。无论如何，保留安全毯也好，进行艺术创作也好，并不是动物普遍都有的行为，但在人类的生活中，艺术却是不可或缺的。

有一种观点认为，人类独有的快乐并不是在自然选择或其他任何生物进化过程中产生的，而是文化的产物，我们姑且称其为文化导向观。这些快乐为人类独有，是因为只有人类拥有真正意义上的文化。其他动物仅能凭本能生存，人类则更智慧。

这一观点在某种意义上是对的。没人否认人类特有的超强适应力，也没人否认文化对塑造和构建人类快乐的重要作用。如果你买彩票中了100万，你会高兴得大叫，但"钱"的概念并不是在基因复制和选择的过程中出现的，而是伴随着人类历史出现的。事实上，即使是人类与动物共有的快乐，如食物也存在着不同的表现方式。不同的民族以及不同的国家有不同的烹饪方式，这些都是建立在文化差异上的，而不是基因差异上。

以上这些解释可能会让持文化导向观的人做出以下判断：既然自然选择在人类快乐的形成过程中所起的作用十分有限，那它就不值得讨论。但事实并非如此。

在接下来的几章中，我会说明为什么这种文化导向观不能解释人类快乐的形成原因。**因为绝大多数快乐都有其进化论起源，并不是在人类社会发展过程中形成的。**全人类都共同拥有这些快乐，而那些看上去不同的快乐只不过是某种基础快乐的变种而已。

当然，我们也可以天马行空地想象，有这样一个社会，人们对快乐的看法和我们截然不同：他们也许会拿粪便涂抹食物；做菜不放盐与辣椒；喜欢把钱花在买赝品上，而把真迹扔进垃圾堆；喜欢听静电发出的声音，而对真正的音乐不感兴趣。但这只存在于想象之中，真实世界中不会发生这样的事，也不存在这样的人。

总而言之，人类在一开始就有固定的快乐清单，无法再添加新的。这听起来好像有点儿疯狂，因为似乎不断有人加进了新的能带来快乐的东西，如电视机、巧克力、桑拿浴、填字游戏、电视真人秀和小说等。然而，这些东西会带给人快乐，正是因为它们一点儿也不新鲜，它们都与人类已有的快乐清单直接相关。例如，比利时巧克力与烤排骨确实是现代发明，但它们其实与人类原始的对糖和脂肪的喜爱有关。又如，音乐形式也在不断革新，但从来没听过音乐的人类以外的其他动物永远都不会将其当作音乐，而是仅仅将其当作噪声。

事物的本质属性，决定了如何对其定义与分类

接下来我将阐述一个观点：人类的大多数快乐都是在进化过程中意外产生的，它们是精神系统为达到其他目的而在进化过程中产生的副产品。

对于这个观点，有些快乐体现得淋漓尽致，如人喝咖啡时感受到的快乐。现在很多人喜欢喝咖啡，并不是因为喜欢咖啡的人比讨厌咖啡的人更有繁衍优势，而是因为咖啡能带给人们刺激——人类通常喜欢被刺激。这个例子虽然很浅显，但"大多数快乐是进化的副产品"的观点有助于解释更多、更复杂的情况。我要探讨的观点是，至少在一定程度上来说，这些快乐是我们所谓"本质主义"思维模式的偶然副产品。而对本质主义的探讨，将会是下文的重点。

J. D. 塞林格（J. D. Salinger）的一篇小说给出了一个本质主义的例证，小说的主角西摩给一个孩子讲了一则道家的故事[①]。

有位国君（秦穆公）托朋友伯乐帮他物色一位相马专家，伯乐就推荐了一位（九方皋），于是国君就雇用了这位专家。不久后，这位专家说他找到了符合国君要求的马，是匹褐色的母马。国君立即买下了这匹马，但让他大吃一惊的是，这匹马居然是匹黑色的种马！

国君怒不可遏，他对伯乐说，那位相马专家实际上是个"砖家"，居然连马的毛色与公母都搞不清楚。然而伯乐却被这件事震惊了，他说："相马专家真的是那样做的吗？那他真的是比我厉害千万倍，我跟他简直有云泥之别。他看到的都是精神层面的，为了保证本质，他忽视了小的细节，并将所有精力都集中在马的内在品质上，而忽视了马的外表。他看到的都是他想看到的东西，而不太在乎对他没用的细节。他关注的是那些必须看的部分，而忽视了不必要的部分。"果然，

---

① 即"九方皋相马"，出自《列子·说符》。——编者注

那匹马的确是千里马。

这是一个关于本质主义的故事。**它所表达的是，事物都有其内在真实的一面，即本质，人们无法直接观察到，但恰恰是这些隐藏的本质决定了事物本身。**

以黄金为例，我们花钱买黄金，并不厌其烦地讨论它，在这个过程中，我们并没有思考和谈论与黄金类似的东西，而是一直在关心真的黄金。就算你找块砖，涂上金漆，它也不会变成金砖。如果想知道手里的东西是不是黄金，就得请教专家或化学家做鉴定其原子结构的测试。

再以老虎为例。虽然很多人不知道老虎之所以是老虎的原因，但没人会将类似的动物误认作老虎。就算有一组图片，上面画着被处理得很像狮子的老虎图像，即使是小孩子也知道，那仍旧是老虎而不是狮子。其实，老虎之所以成为老虎，与其基因和器官等有关，动物的本质属性不会因为外表的改变而改变。

在以上这两个例子中，人们是运用科学来寻求答案的，这是一种行之有效的方式。科学家的任务就是挖掘事物隐藏的本质，从而揭示比表象更深刻的东西，如玻璃具有液体的性质；通常应该将蜂鸟和猎鹰归到一类，而不应该将这二者跟蝙蝠分到同一类；与海豚和大马哈鱼相比，人类和黑猩猩之间的基因相似度更高；等等。不过，我们不必因此去钻研科学，从而变成本质主义者。

我们常常误以为某事物是 X，结果发现它其实是 Y；我们也知道，遇到的人可能戴着面具，一种食物也可能被加工得面目全非。我们难免会疑惑：到底什么是真实的？

其实，本质主义深刻地渗透在我们的语言之中。试想一下，没有本质主义支撑的语言系统将会多么让人摸不着头脑。豪尔赫·路易斯·博尔赫斯（Jorge Luis Borges）曾经杜撰了一本"中国古代的百科全书"：《天朝仁学广览》(The Celestial Emporium of Benevolent Knowledge)，他在书中是这样给动物分类的：

> 皇家的动物；
> 远看像苍蝇的动物；
> 刚刚打碎花瓶的动物。

这种分类真是异想天开，听起来还有点儿诡异。将一类动物归类为"远看像苍蝇"，在逻辑上可能说得过去，但与我们通行的分类法格格不入。没有一种真正存在于世的语言系统是如此分类的，因为这太注重表象而忽视本质了。**我们对事物进行分类不仅是为了让世界有条不紊，这种分类在实质上也体现了自然秩序的基本原则。**

语言的这种分类方式意义重大，尤其是当我们谈论人的时候。我曾经研究过孤独症儿童，当时不断有人提醒我，要称呼他们为"患有孤独症的儿童"，而不是"孤独症患者"，这样做的理由是，与强调患病的事实相比，孩子本人更重要，尽管"孤独症患者"比"患有孤独症的儿童"更简明扼要。

我们当然可以尽情嘲讽这种矫揉造作，但如何对事物进行分类与定义确实能反映其本质属性。在电影《记忆碎片》（Memento）中，失去记忆的主角莱昂纳德·歇尔比说："我不是杀手，我只是想纠正错误。"当他说这句话时，他知道自己已经杀了很多人，但这并不等于他就是杀手，因为杀手是一种对人的分类，有其本质属性，歇尔比否认自己具有这种本质属性。

再举个生活中的例子。我曾和一个朋友吃饭，她说自己从不吃肉，但当我说她是个素食主义者时，她却极力否认。她说："我不是素食主义者，我只是不吃肉罢了。"她将"不吃肉"作为自己的一种次要属性，而不是本质属性。

警惕本质主义的偏见

一般来说，本质主义是理性的，有很强的适应性。如果一个人仅仅注重表象，可能就会把事情搞砸。

然而，本质主义也常常让我们误入歧途。社会心理学家亨利·塔基费尔（Henri Tajfel）做过一系列"最小群体实验"。他发现，随机被分为两组的被试（有时甚至用抛银币来决定）不仅对自己这一组喜爱有加，还认为两组之间存在巨大的差异，而且认为自己这一组更优越。可见，本质主义的偏见会导致人们臆造那些根本不存在的"本质属性"。

当然，这也没什么值得大惊小怪的，当所谓的"差异"非常明显时，如两个不同的人拥有共同的脸型或肤色，我们就不会将这些差异轻易地当作随机变量而忽视它们，而会认为它们很重要。从某种程度上讲，它们确实很重要。例如，种族之所以重要，很大程度上是因为不同的种族往往承载着不同国家、不同社会环境以及不同个人成长史的烙印。

当然，本质主义并不止于上文所述。例如，人们倾向于通过本质主义从生物学角度来划分人群，包括种族。在使用DNA这个概念之前，人们是通过血液来区分不同种族的，如认为一滴血足以证明某人是否具有非洲血统。

用生物学上的本质主义来解释种族并非完全错误。例如，瑞典人普遍比日本人高大，日本人又普遍比埃及人高大，这与基因有直接的关系。因此，当我们将自己归类到某个种族时，即使是最开明、最坚决地反对种族主义的人也会承认，这种分类其实跟人的生物本源有关。

然而，种族分类并不像人们想象的那么真实可靠。例如，基因无法决定一个人是不是犹太人。成年人可以通过皈依犹太教而成为犹太人，孩子可以通过被犹太家庭收养而成为犹太人。我是犹太人，我的妻子不是犹太人，那么我们的孩子到底是犹太人，还是一半是犹太人，抑或根本不是犹太人？这个问题不是基因可以解答的，它关乎政治与宗教。这个例子也许很浅显，但很有普遍性。普遍来说，"黑人"这种分类包括了很多不同种族的群体，如海地人和澳大利亚土著，他们会被归为一类，是因为他们都具有较深的肤色。如果非要强调他们还有其他深层次的共同性，那就是滥用本质主义而胡说八道了。

儿童是天生的本质主义者

格尔曼在她的著作《儿童的本质》(*The Essential Child*)中提到了她自己的一个故事。在她四五岁时，她问妈妈，男孩和女孩到底有什么不同。妈妈回答说："男孩有小鸡鸡，女孩没有。"她难以置信地问："就这样而已吗？"在了解到男孩和女孩在穿着、行为以及玩耍方式等方面的不同后，她开始寻找更有意思的、更深层次的性别差异。格尔曼提到这个故事是为了说明她从小就是个本质主义者，以此引出她的观点：所有的儿童都是天生的本质主义者。

在心理学领域，这个观点是很有争议的，而占主流的是瑞士心理学家让·皮亚杰（Jean Piaget）的观点，至今仍被一些知名学者拥护。皮亚杰认为，儿童一开始都是根据表象认知世界的，局限于其能看到、听到以及触摸到的范围。

本质主义有其历史和文化渊源，在心理学领域和生物学领域，这个渊源是由哲学家和科学家先后得出的发现或理论。也就是说，绝大多数人永远不可能靠自己完成自我认知。

虽然我们至今仍未能建立关于本质主义起源的完整理论体系，但我认为，现有充分的证据表明，本质主义并没有文化渊源，它是人类的共性。

以下罗列的很多研究成果都来自发展心理学。**我们知道，即使婴儿也能从自己看到的事物外观推断事物的本质属性。**

如果一个9个月大的婴儿发现他只要碰一下某个盒子，它就会发出声音，那么他在看到类似的盒子时都会去触碰，并希望听到类似的声音；再大一点儿的孩子会根据事物的归类方法对自己看到的事物进行分类。

科学实验室 HOW PLEASURE WORKS

在一项针对3岁儿童的实验中，研究人员给孩子们看一张知更鸟的图片，并告诉他们这种鸟有个隐性特征：它们的血液中有一种特殊的化学成分。接下来，研究人员给孩子们展示了另外两张图片，一张图片上是一种与知更鸟外形相似但不属于同一类的动物（如蝙蝠），另一张图片上是一种与知更鸟外形不同但同属一类的动物（如火烈鸟），然后问孩子们，哪一种动物同样有知更鸟的那种隐性特征。结果，孩子们会根据生物学分类选择火烈鸟而不是蝙蝠。

虽然这项实验并不能说明儿童是天生的本质主义者，但可以肯定，儿童对比表象更深层次的东西非常敏锐。

科学实验室 HOW PLEASURE WORKS

另一项实验则证实了不到 2 岁的幼儿也具有这种敏锐感。在实验中，孩子们认为，如果把狗的内脏、血液以及骨头都拿走，那么这只狗就不再是狗了；相反，如果改变狗的外表，那无论变成什么样，狗都还是狗。此外，孩子们更倾向于将拥有共同内在特征的事物归为一类，并统一命名，如将有同样组成的事物归为一类，而不愿将仅具有表面共同点的事物归为一类。举个例子，他们不会因为动物都被关在同一家动物园或同一个笼子里就将其归为一类。

我在耶鲁大学的同事弗兰克·凯尔（Frank Keil）发现了一些有力的证据，证明儿童可以是本质主义者。

科学实验室 HOW PLEASURE WORKS

凯尔给一群孩子看一组处理过的照片，照片上有一头被装饰成仙人掌模样的豪猪、一只披着狮子皮毛的老虎以及一只被打扮得很像玩具的小狗。结果他发现，孩子们在面对这些五花八门的装饰、变形的动物时依然"不为所动"，他们不管图片上的动物看上去如何，都认为它们分别是豪猪、老虎和小狗，而不是仙人掌、狮子和玩具狗。只有当处理涉及这些动物的内脏器官时，孩子们才会认为它们不是原来的动物了。

和成年人一样，儿童也会根据事物的本质属性对其进行分类。

有一次，格尔曼在给她 13 个月大的儿子本杰明看她衬衫上的纽扣时，对他说这是"纽扣"①。本杰明开始试着去按它。虽然他觉得它看上去跟他的电动玩具上的按钮不太一样，但他知道这颗纽扣跟按钮是同一种东西。

这种微妙的词语影响力在更大一点儿的儿童身上，体现得丝毫不逊于成年人。有个4岁的男孩曾如此描述他的一个有些暴力倾向的玩伴："加布里埃尔不仅打了我，他还打了其他小朋友，他是一个会打人的孩子，对吧，妈妈？他是一个会打人的孩子！"这个孩子把重音放在"会打人的孩子"上，他可能认为，这种打人的行为是加布里埃尔天性的一部分。

科学实验室 HOW PLEASURE WORKS

在一项实验中，格尔曼和另一位心理学家告诉一群5岁的孩子，有一个小女孩经常吃胡萝卜，并告诉其中一半的孩子，这个小女孩是个"吃胡萝卜的人"。这个称呼使这群孩子开始认为，这个小女孩一直都在吃胡萝卜，过去吃，未来也会吃，即使她的爸爸妈妈不同意，她也会吃，因为这是她天性的一部分。

有些学者认为，儿童只在与动植物有关的话题上才具有本质主义倾向，但我发现，儿童也能用本质主义对日常器物进行归类分析。例如，他们在听到一种新器物的名称时，习惯于根据该器物的用途进行归类，而不是根据其外表。

---

① 原文为 button，这个单词既有"纽扣"的意思，也有"按钮"的意思。——译者注

同样，在给人群分类时，儿童的判断也体现了本质主义。在一项著名的关于性别差异的实验中，当被试女孩被问到，为什么男孩喜欢钓鱼而不是将时间花在化妆上时，她很肯定地回答："因为男孩天性如此。"

另外，7岁大的孩子会认同"男孩和女孩有不同的生理结构"以及"因为上帝就是这样安排的"等说法，这说明他们在区分性别时分别从生理角度与精神角度应用了本质主义。长大后，他们才明白应该将社会文化因素考虑在内，也会认同男女之所以不同，"是因为成长环境不同"。可见，只有在慢慢地被社会化之后，孩子们才会考虑社会文化因素。

目前，我们的共识是：儿童是天生的本质主义者，而且他们应用本质主义的范围十分广泛，既用在对动物和器物的分类上，也用在对人群的分类上。

将同类个体区分开来的"生命力"本质

以上讨论的都是将本质主义作为一种分类依据，比如，我们用这个理论来解释老虎之所以是老虎而不是其他物种，是因为老虎有不同于其他物种的本质属性。接下来，让我们来思考这样的一个问题：能否用本质主义来解释每个个体的独特性？如一只老虎与另一只老虎有何不同，而不是一只老虎与一头狮子有何不同。

哲学家丹尼尔·丹尼特（Daniel Dennett）[1]举过这样一个例子。

有个人带着一枚硬币从纽约到了西班牙，然后他很冲动地将硬币扔进了一个喷泉里，这枚硬币与其他被扔进喷泉里的硬币一起留在喷泉底。这个人再也辨认不出到底哪一枚硬币才是他的，但他仍然坚持认为自己的那枚硬币与众不同。如果他从喷泉里捞一枚硬币上来，无论是不是他扔进去的那枚，他都可以将捞起的硬币视为独一无二。

思考个体间的差异是一种非常有意义的认知能力，但这不是本质主义。在刚才的这个例子中，也许每一枚硬币背后都有一段历史与故事，但也仅此而已，不同的历史与故事并不意味着它们因此就有了独特的内在本质。

不过，有些个体确实有自身的特有属性，尤其是当我们谈论自己身边的熟人或熟悉的物品时，会发现这种特有属性更加明显。在很多文化中，这种特有属性都被解读为具有某种隐形的力量，如中医中的"气"、道教中的"炁"[2]、哲学家亨利·柏格森（Henri Bergson）提

---

[1] 知名哲学家、认知科学家。丹尼特在《直觉泵和其他思考工具》中，融通多个学科，倾囊传授给读者77招思维搏击术；在《丹尼尔·丹尼特讲心智》中，他又为读者开启了一场心智与意识的探索之旅。这两部著作的中文简体字版均已由湛庐引进，分别由浙江教育出版社和天津科学技术出版社出版。——编者注

[2] 音同"气"，中国哲学、道教和中医学中常见的概念，不同于气。"炁"乃先天之炁，"气"乃后天之气。——编者注

出的"生命冲动"（elan vital）、太平洋岛国通行的"法力"（mana）、医学上的"生命力"或心理学中的"本质"。这种力量被视为人体的一部分，有些人比其他人多一些，它能从人身上传导到物体上，也可以从该物体再传回人体。

人类学家埃玛·科恩（Emma Cohen）曾为我介绍过她研究的巴西黑人宗教里的一种被称为"阿谢伊"（Axe）的神秘力量：

> 跟我交谈的每个人都在说，通过宗教仪式被赋予阿谢伊从而成为圣人或圣物是极其罕见、极其难得的。每个人体内都有不同程度的阿谢伊，通过参加宗教仪式能使之增强，而阿谢伊能为人体带来强大的力量。例如，当你生病的时候，你需要找个阿谢伊强大的人来治愈你。当然了，你并不知道谁的阿谢伊强大，如果最终找到的是个阿谢伊很弱的人，你会抱怨这个仪式不靠谱。有些宗教场所的阿谢伊比其他地方多，巴西黑人相信，进入这样的场所会让人感觉更舒服。

这个例子充分地说明了生命力这个概念是如何被宗教化的，这种情况在世俗生活中也屡见不鲜。例如，我们会试图找到自己和某个特定的人之间的联系；被某个特定的人摸过的东西一下子变得价值连城，这也是有人会花大钱买肯尼迪总统的卷尺的原因。

在本书后面的几章中，我会介绍我与同事发现的有趣现象，如人们会不惜代价去买偶像穿过的衣服，如乔治·克鲁尼（George Clooney）穿过的，但如果这件衣服被清洗和消毒过，它的价格就会直线下降，因为对购买者而言，它已经失去了值得购买的"本质"了。

生活中也存在类似的情况。有时，仅仅被某个地位高的人凝视，被凝视者就会很受影响。在一次有趣的讨论中，作家格雷琴·鲁宾（Gretchen Rubin）将这种情况跟印度哲学中的"视力"（darshan）联系起来。在印度哲学中，被他人凝视是不利的，因为这可能会消耗被凝视者的能量。所以，很多印度名流都与其员工签了合同，禁止员工与他们有眼神交流。

比凝视更好的交流方法是拍对方的肩膀，比拍肩膀更好的则是握手。有人之所以在和名人握手之后会说"我一个礼拜都不想洗手了"，是因为他认为通过和名人握手，名人的某种残留物会留在自己手上，而这种残留物恰恰是他梦寐以求的。

再以器官移植为例，人通过移植而拥有他人的器官，这种"我中有你"的方式算得上非常亲密了吧。伦理学家莱昂·卡斯（Leon Kass）曾将器官移植称为"一种高尚的自相残杀"。有些人也确实相信，接受器官移植的人在接受捐赠者器官的同时，也接受了捐赠者的某些本质属性。

当然，上文所说的建立在个体间不同生命力的本质，与我们一开始谈到的用于分类的本质是有所不同的。**用于分类的本质往往是固定的、恒久不变的，作为生命力的本质则是可以增减，甚至可以相互传输。**二者的共同点在于，它们都是隐形在内的，并决定了生物与物体的内在本质，且具有重要意义。

探寻欲望与快乐的源泉

在接下来的几章中，我会探讨这样一种观点：我们从事物和活动中获得的大部分快乐都或多或少与其内在本质有关，而这种内在本质恰恰建立在我们主观看法的基础上。**本质主义不仅是一种冷冰冰的认识现实世界的方法，它还是我们偏好、食欲和其他欲望的基础。**

在心理学上，本质主义的形式多样，各有不同。因此，我在用本质主义解释快乐时，也会提及多种形式的本质主义。

举例来说，我会将快乐与用于分类的本质主义联系起来，并以此为基础来探讨两性；我会使用建立在人体生命力基础上的本质主义来探讨某些特定物品的特殊价值，会有特定的消费群体购买这些物品。我的侧重点有时会放在内在本质的作用上，如研究瓶装水的味道到底如何；有时还会放在人类情感上，如关注我们画画与讲故事时的亲身体验。

本书最后将会指出，我们拥有一种更具普遍意义的直觉，它超越了日常生活经验。我认为，它很有可能建立在快乐的基础上，而这种快乐来自宗教信仰与科学探索两个层面。

深入理解快乐是一件很难的事，因为人类本来就是一种很复杂的动物，而我们常常忽视这种复杂性。人类心理层面的有些事实浅显易见，以至于我们认为不需要对它们进行探索和解释。心理学家威廉·詹姆斯（William James）早在1890年就对这个问题做了精彩的阐述：

> 有些形而上学的书呆子可能会有疑问：为什么人在高兴的时候会微笑，在生气的时候不会呢？为什么我们能对一个朋友侃侃而谈，却不敢在一群人面前发表演说呢？为什么少女会让男人们神魂颠倒呢？
>
> 一般正常的人只会说，哪来那么多为什么！我们就是微笑了，就是心跳加快紧张了，就是爱少女了……

紧接着，詹姆斯又解释了这些感觉是特定动物的特定属性：

> 当然，每一种动物都会对某种特定的事物有感觉……对公狮子来说，它会爱母狮子；对公熊来说，它会爱母熊；对孵蛋的母鸡来说，如果有一种生物不像它一样把鸡蛋看作异常珍贵与迷人的东西，不像它一样无时无刻不坐在窝里孵蛋，它会觉得那种生物是十足的怪胎。

就快乐而言，我们对事物的反应都可以归因于事物的本质属性。例如，如果一个少女美若天仙，我们在她面前可能会结巴得说不出话来，因为她让我们神魂颠倒；如果看到一个非常可爱的婴儿，我们也会流露出喜爱之情。

深度的快乐通常隐而不显，我们无法直接感受到。喝红酒的人认为，喝红酒的快乐来自红酒本身的味道与气味；乐迷认为，音乐会带

引　言　人类生来就有固定的快乐清单

来快乐是因为它的曲调；影迷认为，电影让他们津津乐道，是因为电影引人入胜的剧情。这些看法当然没有错，但并不是全部的原因。我们会从红酒、音乐以及电影中获得快乐，是有更深层次原因的，其中就包括我们对这些带给我们快乐的事物的本质持何种态度。

HOW PLEASURE WORKS

第 1 章

人间至味是清欢：
什么决定了我们的饮食偏好

一个人对食物的看法
会影响他对食物的评价。

HOW
PLEASURE
WORKS

第1章 人间至味是清欢：什么决定了我们的饮食偏好

你是不是个"超级品鉴家"

在刚开始研究食物能带来的快乐时，我曾认为人们偏爱某些食物的原因来自生理学与进化生物学。因此，对于偏爱的事物，我们可以从味道与气味入手，分析它们带来的感官感受；同时可以推测，我们偏爱的食物是身体需要的，也是适应人类进化发展的；此外，我们对艺术的鉴赏力可能与文化程度、性格、经历和运气有关，对食物的偏好则完全是生理性的，和人类进化史密不可分。

上述观点不能说完全不对，因为确实存在一些能体现上述观点的饮食偏好。例如，人类天生喜欢甜食，因为甜食的主要成分糖是很好的能量来源；苦的东西则通常不讨人喜欢，因为苦味会让人联想到毒。人类是杂食动物，只要能消化，几乎什么都能吃。与其他动物相比，人类的饮食结构几乎不存在生物学限制。

那么，如何解释个体对食物的不同偏好呢？一种方法是从基因角度来解释，如很多人都无法很好地消化牛奶，因为缺乏消化牛奶的相关基因。另一个有趣的发现是，不同的人对味道的感受能力是不同的，约有25%的人味觉很敏感，他们是"超级品鉴家"。你可以通过一个小实验来检验自己是不是超级品鉴家。

科学实验室 HOW PLEASURE WORKS

首先，用一种蓝色食物给你的舌头染色，此时，舌头上含有味蕾的菌状乳头不会被染色，仍然是粉红色的。你可以请朋友帮你数一下你有多少个味蕾。然后在一张纸上涂上丙硫氧嘧啶①，舔一下，如果你觉得是纸的味道，没有其他味道，那你跟大多数人一样。如果你尝到了一种令你不舒服的苦味，那么恭喜你，你是个超级品鉴家。

大部分超级品鉴家既不喜欢威士忌和黑咖啡，也不喜欢球芽甘蓝和卷心菜，这些饮料或食物的苦味会被他们的味蕾"放大"；此外，他们对葡萄柚的酸味和辣椒的辣味非常敏感。虽然超级品鉴家的确可以解释人的饮食偏好，但并不是万无一失的，我的妻子就是个很好的例子，她是个超级品鉴家，不喜欢啤酒和其他软饮料，却喜欢吃带有苦味的蔬菜，如花椰菜。这么看来，从生理学角度解释饮食偏好是多么不靠谱啊！

科学实验室 HOW PLEASURE WORKS

几年前，一些红酒品鉴家曾开展过一次关于舌头生理机制的研讨会，与会者都接受了丙硫氧嘧啶的测试。结果证明，通过了测试的红酒品鉴家都不是超级品鉴家。而且，没有任何证据表明那些超级品鉴家比其他人具有更强的味道分辨能力。事实上，由于他们对酸味与苦味异常敏感，他们享

---

① 一种口服抗甲状腺药物，味苦。可用于研究不同人对苦味的鉴别能力。——编者注

受不了红酒的美妙。

迄今为止，没人能解释清楚为什么人们会有各种各样的饮食偏好。即使是来自同一个家庭的兄弟姐妹，有一半相同的基因，有同样的文化背景和成长历程，他们的饮食偏好也可能很不一样。例如，我很讨厌奶酪，我妹妹却特别喜欢奶酪，我不知道到底是为什么。

尽管如此，我们仍然能发现一些会导致不同饮食偏好的因素，文化差异就是其一。**如果你想知道某人喜欢吃什么，最好这么问他："你是从哪里来的？"** 通常，文化差异能很好地解释为什么韩国人喜欢吃泡菜，墨西哥人喜欢吃玉米粉薄烙饼，美国人喜欢吃果酱小圆饼；也可以解释为什么美国人与欧洲人不像其他地区的人那样喜欢吃昆虫、老鼠肉、马肉等。文化差异与成长环境的不同导致了人们饮食偏好的不同。

接下来，我们来看看人类学家和心理学家是如何解释不同文化导致不同饮食偏好的。人类学家马文·哈里斯（Marvin Harris）提出过一个建立在最佳觅食理论基础上的著名观点：人们对食物的不同偏好有其内在逻辑。人们之所以不吃某些食物，是因为它们不值得吃。例如，很多地方的人不吃昆虫，因为要捕捉到足够饱餐一顿的昆虫太耗时了，与其花这个力气，不如选择吃其他的东西。又如，很多地方的人之所以不吃奶牛，是因为对他们而言，让奶牛产奶比吃奶牛更有价值。

虽然哈里斯这种观点的细节部分有待商榷，但他认为饮食偏好并非偶然，而是有其内在逻辑，这很可能是对的。但从心理学家的角度来看，存在这样一个问题：影响饮食偏好的文化因素与心理因素之间没有联结点。也就是说，哈里斯的观点无法解释个体的饮食偏好。

例如，哈里斯的观点可以很好地解释为什么加拿大人不吃老鼠肉，但无法解释成长于加拿大的我作为个人为什么不吃老鼠肉。通常，理性思考可能会决定文化选择，但无法决定个人偏好。也就是说，即使有人告诉我老鼠肉很有营养、很健康、很好吃，但在我面前摆一盘烤老鼠肉，我依然会感到恶心。与此相反，尽管有很多人从现实和道德层面解释吃奶牛不好，但我依然喜欢美味的牛排。

那么，究竟是什么导致了个体间不同的饮食差异与偏好呢？要想找到答案，一种比较可靠的研究途径是，观察个人的人生经历。**人类与其他很多动物一样，都有一种特殊的本能，即保证自己远离有毒和有害的食物。**如果你吃了一种从来没吃过的食物后，上吐下泻，那么你以后就不会再吃了，你的身体也会自然而然地意识到这种食物会让你不舒服，要避开它。我曾问我的学生会不会对什么食物感到恶心，一些学生说他们不愿意吃某些食物，因为他们在第一次吃完以后就生病了。比如，有个学生告诉我，她不吃寿司，因为她第一次吃寿司后就感冒了。而我则无法把大茴香酒和啤酒混起来喝，因为我第一次喝了之后就大病了一场。从那以后，每当我闻到那种气味时，我就觉得恶心。

还有一种研究途径，就是观察他人。也许，人类可以和幼鼠一样，通过观察父母喂我们的食物以及他们吃这些食物时的反应，来推测哪些食物可以吃，哪些食物可口，哪些食物不能吃。父母跟孩子生活在一起，对孩子倾注了满腔爱意，而且总是为孩子考虑。因此，孩子通过观察父母来学习分辨食物能吃与否和好吃与否似乎是一个很靠谱的方法。

然而，人类毕竟与老鼠差异很大，这种观察父母饮食偏好的途径在人类身上的体现要复杂得多。研究表明，在饮食偏好上，父母对孩子的影响其实很小，反而是在兄弟姐妹与夫妻间，这种影响会大一些，而且兄弟姐妹间的影响与夫妻间的影响差不多。这一点让人匪夷所思，因为夫妻间并没有血缘关系，但彼此的影响却和有血缘关系的兄弟姐妹的影响一样，甚至超过了有直系血缘的父母的影响。

要解释这个奇怪的现象，就需要将饮食偏好纳入文化层面来考虑。孩子学习选择食物的过程，其实也是文化层面的学习过程。在这个过程中，孩子不仅要搞清楚哪些食物有营养，哪些可以食用，更是在不断社会化，需要通过学习选择食物而融入社会。根据心理学家朱迪斯·哈里斯（Judith Harris）等人的观点，社会化过程更多的是受同龄人的影响：孩子会与父母有不同的饮食偏好，是因为在孩子的成长过程中，同龄人的影响大于父母。基于此，我们就能解释为什么父母与子女在穿衣风格以及音乐欣赏等方面也会有不同偏好。这种把饮食偏好纳入文化层面来考虑的观点很好地解释了在饮食偏好的形成过程中，为什么父母对子女的影响小于兄弟姐妹的影响，甚至小于伴侣的影响。

对婴儿来说，除了服从成年人，他们别无选择。不过尽管如此，婴儿仍然有自己的判断，在饮食偏好上也一样。

科学实验室
HOW PLEASURE WORKS

在一项很有意思的实验中,研究人员让一群12个月大的美国籍婴儿看两个陌生的成年人吃一种奇怪的食物,然后,这两个成年人分别对婴儿讲述自己吃后的感觉,一个人说英语,另一个人说法语。当婴儿被问到想吃哪个成年人吃的食物时,他们都不约而同地选择了说英语的那个人。原因在于,对这些婴儿来说,说英语能让他们感觉更亲近。

我们为什么不吃看起来恶心的东西

厌恶感在人类的饮食偏好上扮演着很有趣的角色。例如,有些人不喜欢吃番薯、苹果派、甘草、果仁蜜糖千层酥或全麦面食等看起来黏糊糊、灰扑扑或貌似腐烂物的食物,但更多的人不喜欢吃马肉以及老鼠肉等。实际上,人们对非肉类食物的厌恶也可能与肉类有关:它们可能来自动物,如奶酪和牛奶,或外观和质地像肉类。

达尔文在讲到人类对不熟悉的肉类有何反应时,用了异常强烈的措辞,他说:"人们仅仅是想到要吃那些通常不被当作食物的肉类就会立刻恶心呕吐,这真是太奇怪了,尽管那些肉类没有任何问题,而且根本不会导致反胃。"这种说法很极端,达尔文可能言过其实了,也可能他所处的维多利亚时代的人们非常脆弱,因为我从未听说过有人仅仅因为想到要吃异常的肉类而呕吐。正如达尔文所说,这真的太奇怪了。

婴儿与儿童是不会对肉类感到恶心的，他们对自己的或他人的排泄物都不反感，甚至还会吃蝗虫或其他昆虫。心理学家保罗·罗津（Paul Rozin）及其同事做了一项实验，他们给几个孩子吃"狗粪便"（其实是花生酱和臭奶酪的混合物），孩子们抢着吃完了。

这种情况会持续到三四岁，再长大一点儿，孩子就会产生厌恶感，并知道粪便和尿液都是恶心的东西，也会明白有蟑螂掉进去的果汁或牛奶不能喝。有时，他们会过分敏感，还会紧张兮兮地不断追问他们吃的食物有没有沾上脏东西，或之前有没有被放在不干净的地方。

威廉·伊恩·米勒（William Ian Miller）在他的著作《剖析厌恶感》（*The Anatomy of Disgust*）中写了他的孩子的故事。他提到他的两个孩子都很挑剔：女儿不愿意自己动手擦屁股，因为她怕会因此弄脏自己的手；儿子则只要有一滴尿不小心滴到裤子上，就会立刻换掉内裤和外裤。

没人能说清楚到底是什么让人们产生了厌恶感。弗洛伊德学派的学者认为，产生厌恶感的根源与儿童的如厕训练有关。在对孩子进行如厕训练时，成年人不断地给孩子灌输"排泄物是脏的，让人厌恶"的观念，这就是最早让人产生厌恶感的根源。不过，这个观点仍有待商榷，因为世界上不同地区和不同民族的人训练儿童如厕的方式千差万别，有些文化甚至根本不存在"厕所"这个说法，但所有人都对尿液和粪便感到恶心。再进一步说，弗洛伊德学派无法解释为什么血、呕吐物以及腐烂的肉类等也会让人感觉恶心与厌恶，我们并没有通过如厕训练习得这些东西也应该被厌恶。在我看来，厌恶感的形成过程更像是一个生理过程，是神经系统发育的一部分。

对于有些东西，如粪便，一般人都会觉得恶心。但由于文化背景不同，有些东西对某些人来说是恶心的，但对另一些人来说可能就未必如此，如肉类。达尔文对这一问题的研究为我们揭示了儿童是如何逐渐产生厌恶感的。儿童并不是一个接一个地了解到哪些肉是恶心的。相反，肉本身对他们来说都是恶心的，他们是一个接一个地验证哪些肉是可以吃的，才会选择去吃。也就是说，儿童会留心身边的成年人会吃什么肉，继而渐渐地对成年人不吃的肉产生厌恶感。有意思的是，成年人也许会愿意尝试没吃过的水果、蔬菜或其他食物，儿童却不会这么做。就我自己来说，我小时候没吃过燕麦条、酪梨寿司、虾肉饺子和蟹肉饼，但我现在却很爱吃这些食物。当然，我是绝不会尝试老鼠肉的。

关于对食物的厌恶感这一主题的部分研究是在军队进行的，因为士兵，尤其是飞行员，在很多情况下并没有条件吃到自己喜欢的食物，甚至不得不为了完成任务或生存下去而吃一些令人厌恶的东西。也正因如此，让士兵吃他们厌恶的东西是军队测试士兵服从性的一种方法。

1961年，尤尔特·史密斯（Ewart E. Smith）发表了一份研究报告，其目的是通过上述方法测试士兵的服从性。报告的开篇就给人一种不祥的预感："军方近来委托矩阵公司研究训练士兵服从性的方法。"研究人员想了很多不同的方法让士兵吃他们厌恶的食物，包括虫子、炸蝗虫以及被辐射污染的腊肠三明治等。他们发现，士兵会服从命令，吃下这些令人厌恶的东西，但他们绝不会喜欢上吃这些东西。

你吃什么，决定了你是什么样的人

本质主义的思考方式可能会让人不再吃某些食物。例如，当圣雄甘地第一次吃山羊肉时，他说自己听到山羊的灵魂在自己肚子里哀号，这深深地触动了他，之后他成了一名素食主义者。当然，本质主义的思考方式也可能会让人多吃某种食物。

很多人都相信肉类能壮阳。罗津在他的一篇文章中曾提到，在世界各地，肉类几乎都和男子气概联系在一起。我在读研究生时曾有过一个俄罗斯室友，他坚称吃肉能增加男子气概，还经常嘲笑他的素食主义男性友人不够"爷们儿"。

另一个与此截然不同的例子是关于饮用水的。曾经，美国人每年在瓶装水上要花费 150 亿美元，比花在电影票上的钱还多。与牛奶、咖啡、啤酒相比，人们饮用的瓶装水更多。这的确令人费解，因为在全美大多数地区，即使自来水的水质常常欠佳，瓶装水的水质也并不比自来水好多少。而且与自来水相比，瓶装水的塑料包装与运输费用造成了更高的环境成本：按容积计算，瓶装水的环境成本甚至大于同容积的汽油。那么，我们为什么那么爱喝瓶装水呢？

有一种观点认为，我们青睐瓶装水，是因为我们钟情于瓶装水带来的纯净感。**一般来说，人们对天然物的偏爱胜过人造物。**例如，我们也许会对制药厂生产的抗抑郁药心存顾虑，但对银杏叶等"天然药物"却能完全接受。再如，由于转基因食物不够天然，很多人始终无法接受。人们这种对天然物的追求导致了一个营销问题，正如作家兼社会活动家迈克尔·波伦（Michael Pollan）在《杂食者的两难》（*The Omnivore's Dilemma*）一书中指出的，既要纯天然又要赚钱，几乎不可能。部分原因正如通用磨坊公司的副总裁指出的那样，虽然人们不可能在一堆谷物和鸡群中轻易地分辨出哪些是自家的谷物和鸡，哪些是别家的，但为了赢利，仍然需要将其区分开来，如给谷物贴上某个牌子的标签，将鸡肉做成某个牌子的冷冻速食晚餐。

20世纪70年代，国际香精香料公司试图说服人们不要再吃天然食物，并声称加工食物对人体更好。他们声称："天然食物中含有野生动植物生产的成分，这些成分是非食物用途的，野生动植物生产这些成分仅仅是为了生存与繁衍。人们一旦吃了这些天然食物，就会给自身带来很大的风险。"

当然，这种宣传加工食物优于天然食物的营销策略并不可行。更明智的营销策略应该是利用消费者的这种饮食偏好来创造新产品，并在宣传中突出这一点。瓶装水就是一个成功的典型。

另一种观点也能解释人们为什么如此偏爱瓶装水，即"信号理

第 1 章　人间至味是清欢：什么决定了我们的饮食偏好

论"，这个理论通常用于解释一些不太合理的个人偏好。根据这个理论，瓶装水其实是一种体现身份地位的"信号"，社会学家托尔斯坦·凡勃伦（Thorstein Veblen）称为"炫耀性消费"，即人们通过喝瓶装水来显示自己的财富实力与社会地位。如果瓶装水是免费的或有明显的保健功效，那么喝瓶装水就不稀罕了，而且偏爱瓶装水的人数也会大大减少。

信号理论用途广泛，还常常被应用于现代艺术品收藏上。例如，再不懂艺术的人都愿意购买和欣赏一幅优美的画作，而花几百万元买一幅抽象派的画作，则很可能是为了炫富或炫耀自己懂艺术。其实，反映信号理论的例子在生活中随处可见。学费昂贵的私立学校之所以教授拉丁语，也应该和这个理论有关。尽管这些私立学校声称开设拉丁语课程是理智的、有益的，但真实的原因可能是，复杂难学且没有实用价值的拉丁语往往与权势和财富联系在一起，会讲拉丁语也被认为是身份和地位的象征。如果情况反过来，假设学习拉丁语不但能帮助学生掌握其他外语，还能提高学生的学习能力，那么公立学校就会开课教授拉丁语，而根据信号理论的观点，私立学校则可能会废弃这门课，转而教授更冷门的梵文。

信号理论中的炫耀信号通常是针对其他人发送的，但我们有时也会对自己发送这类信号。例如，有的人可能会对自己说"我就是那种买得起、也愿意买奢侈品的人"，于是他买了巴黎水[①]喝。就像那句广告词说的：我值得拥有。

[①] 法国南部产的一种含气的矿泉水，曾被誉为"水中香槟"。——编者注

不过话说回来，尽管信号理论能解释人类的一些饮食偏好，但我们仍需要运用本质主义的观点来解释其他问题。例如，为什么人们会对转基因食物产生恐慌？为什么人们会通过吃奇怪的食物来壮阳？我们总担心转基因食物会带来潜在的不良反应，总以为我们吃的食物会将其本质属性传给我们，如喝瓶装水会获得它的纯净感。这些都无法完全用信号理论来解释，而需要借助本质主义理论。

感官和思维共同决定了我们对食物的看法

布鲁斯·内文斯（Bruce Nevins）曾是巴黎水的创始人兼北美地区的CEO。对他来说，最重要的工作就是向消费者推销他们的矿泉水多么无与伦比。不过，在一次电台直播节目中，主持人请他从7杯水中挑出其中1杯巴黎水，他挑了5次才挑出来！

内文斯的味觉当然没有任何问题。就像在盲测中，被试喝相同温度的水，同样几乎没人分得出哪一杯是自来水，哪一杯是昂贵的瓶装水。

话虽如此，但我相信，内文斯在参加完节目回到家后，依然会觉得巴黎水味道好极了，就算电台直播节目中的"小意外"也改变不了他的观点。这很正常，因为偏爱巴黎水与在节目中挑不出自己心爱的矿泉水并不冲突，而且这也说明不了他不诚实或自我矛盾。巴黎水确实很好喝，只不过，只有你事先知道自己喝的是巴黎水，你才能得出它"味道好极了"的结论。

很多实验结果表明，一个人对食物和饮品的看法会影响他对食物和饮品的评价。这种实验通常简单且易操作，只要找两组人，为他们提供相同的食物与饮品，但以不同的方式提供，然后询问这两组人食物与饮品的味道如何即可，你有可能收到以下结果：

如果告诉被试，高蛋白营养棒是由大豆蛋白做的，他们会觉得味道不好；

如果橙汁颜色鲜艳，被试会觉得味道更好；

如果告诉被试，他们吃的酸奶和冰激凌都是全脂或高脂的，他们会觉得更可口；

如果被试是孩子，他们会认为，从麦当劳包装袋里拿出来的牛奶更好喝；

从带有可口可乐标志的杯子中喝的可乐会让人感觉更好喝。

这种实验有一个改良版。研究人员在被试不知情的情况下，随机让他们喝可口可乐和百事可乐，结果，认为可口可乐比较好喝与认为百事可乐比较好喝的人数大体相当。不过，如果告诉他们喝的是哪个品牌的可乐，那么他们的评价往往取决于个人对品牌的偏好。

最具颠覆效果的实验是测试人们对红葡萄酒的分辨。在实验中，研究人员将某种红葡萄酒分装在不同的容器中，然后贴上不同的标签，冒充成不同的红葡萄酒。这些标签是左右人们对红葡萄酒评价的关键，因为即使是这方面的专家也会依赖它们。

科学实验室 HOW PLEASURE WORKS

在其中的一个试次中，研究人员将波尔多葡萄酒分装，然后分别贴上了"特级"标签与"餐酒"标签，结果有40位专家一致认为贴有"特级"标签的红葡萄酒值得细品，而只有12位专家偏爱贴有"餐酒"标签的红葡萄酒。专家们认为，"特级"红葡萄酒喝起来"令人愉悦、层次丰富、味道平衡、醇厚"，而"餐酒"喝起来"口感差、余韵短、层次少、味道浅、有瑕疵感"。

专家们的表现可谓令人大跌眼镜，更匪夷所思的是，他们连红葡萄酒与白葡萄酒都分不出来！尽管我们一直以为这两种酒差异明显，很容易分辨，可事实并非如此。有人在一次聚会上将白葡萄酒装在黑色的玻璃杯中，然后让朋友们喝，并问他们觉得这"红葡萄酒"怎么样，结果，很多葡萄酒专家都误以为自己喝的是红葡萄酒，他们说这酒尝起来"就像抹了美味的果酱""红葡萄味甚浓"。

我曾写过一篇论文，标题是《人们能分辨鹅肝酱与狗食的区别吗？》。标题这一问题的答案是否定的。就像当你把喂狗的鸡肉罐头磨碎、装盘，再配上荷兰芹做装饰，然后放在鹅肝酱、猪肝酱、香肠和午餐肉中间让人们挑，人们是很难分辨出哪个是狗罐头的。

该如何解释以上这些让人瞠目结舌的实验结论呢？在我看来，有以下两种解释。

第一种解释是，人们对食物的认知与评价分为两个阶段：第一个阶段，依靠感官，人们用鼻子与嘴巴"尝"食物，得出对某种食物的认知；第二个阶段，依靠思维，人们对食物的看法会改变、修正或推敲第一个阶段得出的结论。

曾有一个成年人与一个叫乔纳的4岁孩子有如下对话，乔纳表现出来的就是以上两个阶段的行为。

　　成年人：你爱吃冷冻酸奶还是冰激凌？
　　乔纳：它们尝起来没差别啊，但我更爱冷冻酸奶。
　　成年人：如果它们的味道没差别，你为什么更爱冷冻酸奶呢？
　　乔纳：因为吃冷冻酸奶是我最快乐的事！我在爷爷奶奶家曾经吃过，那真是我最最快乐的事！

乔纳将"某样东西好不好吃"与"他爱不爱吃"分成了两个阶段，即使冰激凌的味道与冷冻酸奶没差别，他依然更爱冷冻酸奶，这就是思维影响饮食偏好的例子。这种影响改变不了食物的味道，但它使我们对某种食物的看法发生了改变。

第二种解释是，人们对食物的看法会影响人们从食物中获得的口感。比如，人们不会说"这喝起来就是普通的葡萄酒，但自从我知道它是特级酒之后，我想它应该非常好喝"，而是会直接说"好喝极了！"。

科学实验室

心理学家莱纳德·李（Leonard Lee）及其同事设计了一个精巧的实验，来区分上述两种解释。他们到马萨诸塞州的一些酒吧，请人们品尝一种"麻省理工学院酿造的啤酒"，实际上就是普通啤酒加几滴香醋。在不告诉被试喝的是什么的情况下，相比于普通啤酒，被试都更喜欢喝"麻省理工学院酿造的啤酒"。奇怪的是，如果直接问他们在啤酒里加了香醋之后味道如何，他们就都会觉得难以下咽。

在这个实验中，研究人员一开始把被试分为两组，先告诉其中一组他们会喝到加了香醋的啤酒，再请他们喝啤酒。对于另一组被试，则是在他们喝下啤酒之后再告诉他们啤酒里加了香醋。然后，询问两组被试喝这种啤酒的感觉如何。

如果第一种解释成立，即人们在品尝食物时先通过味觉"品尝"味道，然后对这种食物的看法会影响或改变根据味觉得出的认知，那么在以上实验中，无论被试在喝啤酒前还是在喝啤酒后得知啤酒里加了香醋，都无关紧要。因为只要被试知道这个事实，他们根据味觉得出的认知就会发生改变，即无论如何，他们都会觉得这种啤酒不好喝。

如果第二种解释成立，那么得知"加了香醋"这一事实的时间点就很重要。如果在喝啤酒前就得知啤酒里加了香醋，那么被试会认为这种啤酒不好喝，因为根据这一理论，他们确信的"啤酒里加了香醋就不好喝"的观点会事先影响他们的认知。如果在喝啤酒后告诉他们加了香醋的事实，而且他们已经通过味觉得出结论，那么"啤酒里加了香醋就不好喝"的观点也无法改变这一结论。

实验结果表明，第二种解释比较准确。如果被试事先知道啤酒里加了香醋，那么他们对啤酒的期待会下降，还会在喝啤酒后得出"不好喝"的结论。而如果让他们喝完后再告诉他们啤酒里加了香醋，就无关紧要了，他们通过味觉得出的结论不会因为事后得知真相而改变。至少就啤酒而言，影响被试最终评价的是事先对啤酒是否好喝的期待，而不是事后得知的真相。

另一个通过扫描人们品尝红葡萄酒时大脑状况的实验也得出了相似的结论。

科学实验室 HOW PLEASURE WORKS

在实验中，被试喝到的其实是同一种红葡萄酒，但研究人员却告诉他们，他们喝的是10～90美元价值不等的红葡萄酒。就像上文的啤酒实验里得出的结论一样，当被试以为自己喝的是比较贵的红葡萄酒时，他们的评价较高。更有意思的是，他们大脑的某些区域对这种价格把戏并不敏感，也就是说，在纯粹的动物感官层面上，大脑只对味觉与嗅觉有反应，但被试的大脑却整体呈现出一种聚合效应，即对红葡萄酒的事先期待与纯粹的动物感官体验联系了起来。这种效应发生在大脑内侧眶额皮层，和前文提到的可口可乐与百事可乐的实验涉及的脑区相同。

也就是说，一旦你知道了答案，它就会影响你的判断。但我并不想夸大事先期待的作用，因为如果味觉完全被事先期待与认知影响，那么味蕾和嗅球就没有用了，毕竟它们都是经过了进化的考验来帮助我们认知外部世界的。所以，如果你不确定自己是否喜欢某种食物，尝一尝仍然是个很好的选择。有时候，感官体验同样会修正我们对食物的原有看法。

我们也许会说："我知道这只是普通的餐酒，没什么特别的，但这是我喝到过的最好喝的红葡萄酒了。"也就是说，感官体验并不是可有可无的，只是它常常被我们对事物的某些认知左右，这些认知包括我们对事物本质的看法。这导致了一个相互作用的循环。例如，如果你认为巴黎水比自来水纯净、高级，那么当你喝巴黎水时，受这种观点的影响，你会认为巴黎水口感非常好，你对它的评价也会不知不觉地提高。而且，你做出的评价反过来会印证你的观点，让你觉得自己先前的观点非常正确。如此反复，相互作用。

又如，如果你觉得转基因食物味道很怪，那么在你吃转基因食物时，无论它们的实际口感如何，你都会觉得很怪，而这种"口感很怪"的感官体验又会进一步加深你对转基因食物的反感，你会觉得这种奇怪的口感正好说明了转基因食物是有问题的。这样一来，当你以后再吃到转基因食物时，你会更讨厌它们。

这种相互作用并不仅局限于食物与饮品。例如，如果你是一个唱片发烧友，你会认为昂贵的扬声器音质更好，而且这个观点也会影响你对扬声器的选择，让你在听到廉价的扬声器时觉得其音质不如昂贵的好，并加深你对昂贵扬声器的好感。

当然，这种相互作用不仅局限于人的快乐层面。实际上，固有认知会影响我们的感官体验与对事物的看法，而这种扭曲的感官体验与看法会反过来加深固有认知，这大概就是人们总是固执己见的原因吧。

人类的喜好是有深度的

我们也许永远不知道成为一只狗或一只猫是什么感觉，但研究人员通过研究它们的行为、生理功能、适应能力、大脑结构与功能得知，它们在满足口腹之欲时也会感到快乐。而人类之所以与其他动物不同，就在于人类的价值体系让人们关注吃什么以及为什么要吃，其他动物则不会关注这些。就像对狗来说，它们根本不在乎吃的食物是天然的还是人工的，是主人亲手做的还是仇人端上来的。就算饮水碗上贴着"巴黎水"的标签，狗也不会因此喝得更欢快。

人们喜欢什么与最终选择什么是两回事。对我来说，普通可乐比健怡可乐味道更好，但我会因为健怡可乐的热量低而选择健怡可乐。**人类的选择可以与快乐无关**，但其他动物几乎不可能做到这一点。如果我家的狗正在节食，那么肯定是我让它这么做的，不可能是它心甘情愿的。

人类的快乐有某种自我意识。人们会仔细体察经历过的快乐或痛苦，然后从中获得进一步的快乐或痛苦。就某种层面来说，人的情绪是可以自给自足的。例如，当你和朋友在一起时，如果你能想着自己是多么幸福，衣食无忧，那么这种想法能让你原本就有的幸福感变得更强烈。反过来，如果你想着自己的生活有多么痛苦，你就会感觉非常难过。

更有意思的一点是，人类能从愉悦感中体会到痛苦，也能从痛苦中体会到愉悦感。

相对温和的做法是罗津及其同事所说的"良性受虐"，即人们会享受那些略微让人不适的愉悦感，如洗很烫的热水澡、玩过山车、跑步或举重时不断挑战自己的生理极限，抑或看恐怖片。**我们不是为了快乐而将就附带的不快与痛苦，恰恰相反，我们正是因为那点儿不快与痛苦，才热衷于良性受虐行为的。**

很多理论都能解释这种行为，如也许是因为肾上腺素的作用，也许是大男子主义作祟，这些行为在带来痛苦的同时也触发了麻醉感，而且这种麻醉感盖过了痛苦。根据罗津的结论，这种良性受虐行为普遍存在于人们的饮食层面。例如，有些很普通的食物或饮品有令人厌恶的味道或口感，如咖啡、啤酒和辣椒，一开始很少有人喜欢它们，但渐渐地，很多人都喜欢上了。

从痛苦中获得愉悦感是人类特有的行为。对动物来说，如果有其他选择，它们是不会吃自己不喜欢的食物的。哲学家普遍认为，语言、理性思维以及文化等是人类区别于动物的关键特质，但是要我说，还可以加上一点：人类有一定的受虐倾向，人类能从痛苦中产生愉悦感，而动物不能。一个典型的例子是，只有人类会吃辣椒。

这种"痛苦产生愉悦感"理论还有个温和版，是关于餐桌礼仪的。对人类来说，进食不仅是填饱肚子，满足生理需求，也是一种社交行为，有独特的含义。餐桌礼仪在各种文化中都不尽相同，但有一点是共同的，即这些礼仪都是为了规范人的行为。什么时候可以打嗝，什么场合用什么勺子，用右手而不是左手，这些都是餐桌礼仪，违反这些礼仪会让人感到羞愧与内疚。

有人担心这种餐桌礼仪正渐渐地被丢弃，从某种程度上说，这种担心是有道理的。时至今日，关于在公共场所不准吃东西的禁令几乎已经绝迹，进食含有的社交意义越来越被弱化。据估计，美国人当前有五分之一的餐是在车里吃的，正因如此，据说20世纪最伟大的饮食创新就是单手吃鸡肉方法的发明：吃鸡块。

随着餐桌礼仪的弱化，道德取代了礼仪原有的位置。当然，饮食本身就占据着一个特别的道德领域，有些东西是被禁止食用的。比如，许多人会对人们以食用为目的而饲养动物的行为进行道德谴责，更有甚者，反对同类相食乃至自愿相食，也都与道德有关。

哲学家夸梅·安东尼·阿皮亚（Kwame Anthony Appiah）对纯洁与政治有过一次颇具启发性的讨论，他指出，保守派往往对性贞洁和性道德有较大的执念，自由派则对饮食领域有类似的执念。正如他所说的（承认这一点有点讽刺），自由派在为有机食物戴高帽时指出，有机食物没有农药与添加剂的污染，而大量使用农药已经严重污染了自然环境。在阿皮亚看来，有机食物不仅是应市场需求而产生的，更重要的是，它象征了一种政治态度与伦理观。

我们总以为人类的欲望不是动物性的就是与文化有关的，但也许根本不存在这种二分法。即使最简单的快乐，如满足口腹之欲，也包含了人们对事物本质的看法与历史传统，以及道德层面的纯洁与肮脏。可见，人的快乐是很有深度的。

HOW PLEASURE WORKS

第 2 章

只愿君心似我心：爱与性的愉悦为什么是永恒的主题

正如莎士比亚所说：
"爱不是用眼睛看，
是用心感受。"

HOW
PLEASURE
WORKS

第 2 章　只愿君心似我心：爱与性的愉悦为什么是永恒的主题

小说中常常出现"床上把戏"的情节：一觉醒来，主角发现与自己上床的对象竟然不是人类，而是机器人、怪物、外星人或天使，甚至是神。

床上把戏这个词是研究莎士比亚著作的学者生造的，这些学者在研究莎士比亚的著作时屡屡发现，偷换床伴的情节一再出现。宗教学者温迪·多尼格（Wendy Doniger）在她的著作中探讨了这个现象。她指出，床上把戏这个主题一直被世界各地、各个时代的文学作品重复使用，它对人们有着深深的吸引力。

例如，荷马在《奥德赛》中就设定了一个很有趣的情节。奥德修斯在远游归来后想与妻子珀涅罗珀温存一番，但珀涅罗珀拒绝了他，因为她不能肯定眼前的人到底是不是自己的丈夫。奥德修斯大怒，但珀涅罗珀坚持要与他分房睡。在她张罗着要把婚床从卧室搬出去时，奥德修斯阻止了她，并把自己如何打造婚床的过程讲给了她听。珀涅罗珀这才确信，他就是自己的丈夫。可此时，奥德修斯对珀涅罗珀的怀疑十分恼怒，于是，珀涅罗珀说了下面这段话来乞求原谅：

请不要对我生气，不要责备我久别重见后没有热烈迎接你。你该知道，我一直谨慎提防，提防有人用花言巧语前来蒙骗我，现在常有许多人想出这样的恶计。

床上把戏很好地说明了性并不仅是一种生理上的感官体验，还涉及心理上的认同——对枕边人的认同。在本章中，我会阐述这样一种观点，即本质主义为爱与性提供了新的解读方法。

什么是繁衍的头号杀手

随着进化的发展，动物开始乐于接受给它们带来快乐的事物，各种快乐激励着它们生存和繁衍，痛苦则阻止它们做出不利于繁衍的行为。渴了就喝、饿了就吃，这些都能给动物带来快乐——口腹之欲的满足感。究其原因，在进化过程中，顺应这种快乐的动物比不顺应的动物更有繁衍优势。

这个说法在性的层面也能说得通。例如，如果一只动物积极地寻找交配机会，而另一只很消极，那么前者就会有更多的后代。进化论的观点认为，贞洁是繁衍的头号杀手。道理其实很简单，因为如果不发生性行为，动物就不会有后代，而且性其实跟食物一样，也是需要积极争取的，它不会自己送上门来，而贞洁影响了这种积极性。人类和狗、黑猩猩、蛇以及其他动物一样，都进化得懂得积极争取性了。

第 2 章　只愿君心似我心：爱与性的愉悦为什么是永恒的主题

这符合物竞天择的自然法则。人类的某些行为在进化过程中到底有什么价值，至今仍不清楚，这一点不同于其他物种。我们有理由质疑：人类从音乐、抽象艺术以及科学等领域获得的快乐到底缘起何处？这也是本书要探讨的话题之一。对于性，同样有很多未解之谜，如女性性高潮是生物学进化的结果还是一种解剖学意外？生殖崇拜的起源到底是什么？不过，"性能带来快乐"这一点是毋庸置疑的。享受性爱与性行为有关，而性行为与繁衍后代有关。性是解释自然选择造就人类欲望的最好例证。

不过，以上这个说法过于简单，远远不能解释性的本质属性。也许，我们没有必要对其深究，因为人类已经进化成拥有性欲的物种了，这是无法选择也无法阻挡的。有人在谈到该问题时，拿蟾蜍做了比喻：

> 雄性蟾蜍在看到有东西移动时，会根据情况做出以下3种反应：如果那个东西比自己大，它们就会远远躲开；如果比自己小，就会吃掉对方；如果跟自己一样大，就过去与之缠绵一番。如果对方没有拒绝，那么对方很可能是一只雌性蟾蜍。

有人曾说，男性和雄性蟾蜍并没有什么两样，但事实上，人类的性比蟾蜍的性要复杂多了。对男性来说，性并不是看到活物就去求欢，不过这种复杂性与进化几乎无关。人类的很多性行为对繁衍后代都没有帮助，如自慰以及避孕等，这些性行为都无法体现优胜劣汰原则的初衷。所以，要解释人类的性行为，最好落到每个人的个人经历、文化背景与自由选择上。

有种观点认为，人类对性与爱的感受促使人类更多地将性行为指向真人，而不是性幻想。我对这种观点持支持态度，但我也会在后面的章节中指出，人类其实会将虚拟的人物作为性幻想对象，对其寄托感情。**在所有的生物中，只有人类进化出了虚拟的性幻想，将性与爱从真实世界拓展到虚拟世界**。这可不是一种自我完善，而是一场意外，且意义重大。

其实，上述观点同样过于简单，因为人类的性倾向一点儿都不简单，而且进化得越来越复杂多样。关于这一点，只要看看性别差异就知道了。有些生物只有一种性别，通过无性生殖繁衍后代，而绝大多数生物都是雌雄异体的。在繁衍的时候，性欲会促使动物甄别交配对象，毕竟，即使是雄性蟾蜍，也不会傻到分不清交配对象的性别。

进化论的一个伟大之处在于，它解释了某些关于两性差异的艰深问题，如为什么雄性动物普遍比雌性动物高大凶猛？为什么雌性动物比雄性动物更挑剔？为什么雄性动物会想方设法吸引异性，如雄性孔雀会炫耀艳丽的尾羽，雄性海象会展示巨大的牙齿？

对于这些进化论难题，可以用亲代投资（Parental investment）理论来解释。该理论是由进化生物学家罗伯特·特里弗斯（Robert Trivers）首先提出的，并在随后几年中被不断地完善。他认为，人类的大脑和身体通过自然选择的优胜劣汰繁衍出更多的健康后代，但雄性与雌性在繁衍后代的投入上是不对等的，最典型的例子就是精子和卵细胞的差异。精子的数量比卵细胞多，但个头很小，所携带的基因很少，且只有一根鞭毛帮助精子游向卵细胞。与精子相比，卵细胞的个头要大很多，携带孕育新生儿所需的所有营养物质。就哺乳动物而言，通常是雌性携带营养物质及孕育胎儿；胎儿在出生后，通过母体哺乳获得生存所需的能量。雄性孕育后代的投入比雌性低很多，它们通过这种低投入的方法一代代地传递着自己的基因。雄性创造后代只要几分钟，而雌性孕育后代则需要几个月甚至是几年的不断投入。

这就是两性间的巨大性差异。雌性在孕育一个后代时，大多数情况下无法同时孕育另一个，雄性则可以和多个雌性发生关系，同时拥有多个后代。

特里弗斯指出，这种两性间的性差异使两性在择偶时有不同的表现。由于雌性在孕育后代进程中的投入比雄性多，而且它们在大多数情况下无法同时孕育多个后代，因此每个后代对它们来说都很重要。这就导致雌性在择偶时更挑剔，它们不仅希望配偶在基因上具有优势，还希望对方能陪伴、保护自己与后代。而对雄性来说，只有被雌性挑中了，它们才有可能繁衍后代，因此，它们想从竞争中胜出，获得雌性的青睐，这就是为什么雄性动物通常都高大凶猛，有些还会有自己的求偶"特技"。它们得向雌性展示自己，于是进化出了一些特质，如雄性孔雀的美丽尾羽就是为了吸引雌性孔雀的，这就是为什么雄性孔雀长得比较艳丽。

其实，两性间的性差异仅仅是亲代投资理论的皮毛，真正让该理论变得有说服力的是，它能预测性差异何时发挥作用以及何时不能发挥作用。根据这一理论，性别本身并不是关键所在，是雌是雄都无关紧要，关键在于雄性的亲代投入比雌性低很多。如果雌性只负责提供卵细胞，而不需要承担责任，雄性负责抚养后代，那么雄性在择偶时就会更挑剔，雌性则会变得更高大凶猛，外表更艳丽。

越来越复杂的性

那么，人类在性差异上是怎样的呢？正如贾里德·戴蒙德（Jared Diamond）在他的《性的进化》[①]一书中所得出的结论，即人类是体内受精、双亲抚养后代的动物。人类既不是单一配偶的企鹅，也不是狮子、狼或猩猩这些连自己的后代是谁都搞不清楚的动物。人类处于这两种状态之间。

人类的体型反映了人类进化史。从同一物种雌雄两性的体型差异中，我们能看出该物种雄性间竞争的激烈程度，也能看出该物种雌雄两性间亲代投入的差异程度。企鹅的性别很难分辨，因为雌雄企鹅在亲代投入上几乎一样。对人类而言，男性普遍比女性高大，这很好理解。不过，虽然人类不是像企鹅那样的"平等主义者"，但人类的性

[①] 在这本书中，戴蒙德力图解释人类的性行为是如何演变为现在的模式的。该书中文简体字版已由湛庐引进、天津科学技术出版社出版。——编者注

第 2 章　只愿君心似我心：爱与性的愉悦为什么是永恒的主题

差异也不像其他动物那么大，男性不可能对自己的孩子不闻不问。

此外，人类的思维也能反映出人类进化史。男性对拥有多个性伴侣很感兴趣，很容易被激发性欲，也愿意与陌生人发生关系。众所周知，男性的这种特性在世界各地的各种人群中都普遍存在。

从统计学角度来看，"男性追求一夫多妻，女性追求一夫一妻"的说法是完全正确的，但只知道这一点还远远不够，我们需要弄清楚原因。

有种观点认为，这是由于人类的婴儿都异常脆弱，而且与其他生物相比，人类的婴儿出生过早，在出生后很长的一段时间内都依赖父母喂养，且需要父母保护他们不受其他动物或人类的侵害。此外，父亲承担着保护和养育孩子的责任，也承担着保护孩子母亲的责任，因为如果母亲死去，依赖母亲喂食的孩子也活不了。

这并不是说人类父母的角色是可以互换的。男女两性间仍旧遗留着一种进化"拉锯战"。对怀孕或哺乳中的女性而言，她们希望配偶能一心一意地对待自己与孩子，而不是将时间分给其他女性及其孩子。男女之间的这种"拉锯战"使女性在择偶时倾向于选择能在日后对自己一心一意的男性作为伴侣。时至今日，男性已经进化得擅长掩饰自己的天性了，但如果女性能巧妙地识别他们的谎言，那么无论男性再怎么用花言巧语表忠心，都无法得到女性的青睐。因此，忠诚的男性对女性是很有吸引力的。

此外，女性很擅长隐藏自己的排卵期，因此她们能在任何自己想要的时刻享受性爱。如果女性隐藏自己排卵期，那么她们每次与男性发生关系都有可能怀孕，这促使男性配偶片刻不能松懈，必须时刻守在自己身边。这种观点在逻辑上假设了女性在进化史中存在着不忠的事实。在漫长的进化过程中，确实存在着女性不忠的生理证据：男性的睾丸比其他灵长类雄性动物大得多。之所以会如此，是因为在进化过程中，女性通常会与多个男性发生关系。而为了在竞争中占得优势，男性进化出了大睾丸，以增加储存的精子量。所以，"男性追求一夫多妻，女性追求一夫一妻"的说法并不完全正确。

上述观点表明，人类在婴儿期过于脆弱为一夫一妻制的诞生提供了进化论基础。但我们也可以另作他解。与其他动物相比，人类有其特殊性：人类可以很明智、很宽厚，以至于能通过幻想获得快乐，懂得撇开那些自认为不道德的快乐，能从善如流，也能理性地计算成本与收益。也许，人类也能成为一夫一妻的典范。

外表不是唯一的决定因素

有些特质是男女共通的，如人人都有爱美的心，都喜欢看漂亮的人。

这不一定与性有关，因为即使是异性恋男女，也会欣赏长得好看的同性。无论何种性别，漂亮的脸蛋总是能让人眼前一亮，触发大脑的神经回路，从而让人产生一种欣赏到美的快乐。而且，即使是没有性观念的婴儿，也偏好漂亮的脸蛋，并能在一开始就选中比较漂亮的脸蛋。

婴儿对美的"鉴赏力"可能会震惊达尔文，因为达尔文认为美的标准因文化不同而存在差异，人对美的鉴赏是后天习得的而非天生的。不过，有几种美的标准是不分种族与文化的，而是人类共通的：无瑕的肌肤、对称的脸型、清澈的眼睛、整齐的牙齿、浓密的头发以及均衡的五官。最后一种标准似乎有些出人意料，但事实的确如此。随机选择10个同性别的人的脸部照片，10个男性也好，10个女性也好，然后把它们整合成一张脸部照片，我们会发现，合成的脸比单个的每张脸都好看。如果把这些脸部照片拿给婴儿看，他们会在合成的脸与10张单个的脸之间选择前者。连婴儿都是如此，想必你我也一样吧！

那这些标准有什么用呢？其实，无瑕的肌肤、对称的脸型、清澈的眼睛、整齐的牙齿以及浓密的头发都是健康与年轻的象征，对任何人来说都是择偶的上选。尤其是拥有对称的脸型，这是很难达到的。一旦营养不良、体内有寄生虫或饮食不规律，就有可能会破坏脸型的对称性。

最让人捉摸不透的是"均衡的五官"这个标准。也许，它象征着健康，其逻辑是，绝大多数偏离正常状态的相貌都是不好的。这也有可能是由于均衡的五官与生物杂合性有关，也称遗传多样性，一般而言，遗传多样性是一种优势。还有一种可能是，均衡的五官更容易通过目视被记住,因为与那些有"个性"的五官比起来,均衡的五官所需的视觉加工过程更少,而且人们总是倾向于容易加工的视觉图像。不过,尽管均衡的五官看起来不错,但它们不会让人感觉惊为天人,最吸引人的脸都没有均衡的五官。也许,人们把均衡的五官当作美的标准之一,并不是因为它具有多大的吸引力,而是与它相比,那些有着自己特色的"个性脸"更容易存在让人抗拒的风险。

人类在判断吸引力的问题上并没有多大的分歧,这一点让我感到很奇怪。与女性比起来,男性更看重外表,世界各地的人都是如此。而且,没有哪种性别被视为特别有吸引力,异性恋男性和女性一样,也会欣赏长得帅的男性。不过,女性对吸引力的判断会随着月经周期的改变而改变。在大多数时候,女性会选择符合上述共通标准的人,如图2-1(b)所示。可一旦进入排卵期,她们就会偏好更有男子气概的脸,如图2-1(a)所示。

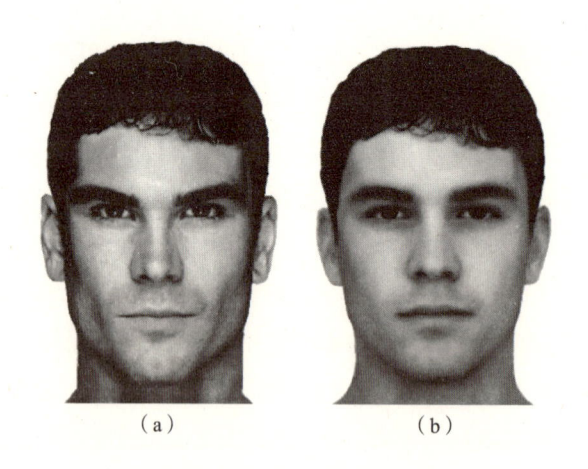

(a)　　　　　　(b)

图2-1　处于不同阶段的女性会被拥有不同相貌特征的男性吸引

第 2 章 只愿君心似我心：爱与性的愉悦为什么是永恒的主题

当我第一次听到这个说法时，我简直不敢相信，但它已经被多次证实了。对此，有一种观点认为，在女性进入排卵期后，她们会下意识地寻找拥有优秀基因的男性，因此她们会对更具男子气概的脸产生好感。

科学实验室 HOW PLEASURE WORKS

20 世纪 50 年代，研究人员进行了一系列有趣的实验，以考察雌性火鸡的哪些特征激发了雄性火鸡的性欲。他们发现，雄性火鸡会对着栩栩如生的雌性火鸡模型发情，它们在看到模型后会不断地咯咯叫、大步走来走去，显得很兴奋，还会向模型求欢。为了找到刺激雄性火鸡发情的特征，研究人员逐渐从模型上移走某些部分，如尾巴、脚以及翅膀等，最后，模型只剩下头了，此时，雄性火鸡依然会对着它求欢。但如果只移走模型的头，剩下其他部位，雄性火鸡对无头模型就毫无兴趣了。

其实，人类跟火鸡没什么两样。人类也会被某些特定的身体部位吸引，且即使看到的不是真人，人类也会被计算机屏幕上的图片吸引。即使是和真人约会，人类也会为对方身上的某个部位深深着迷，而忽略对方本身。

有时，性欲是很容易被激发的。人类很聪明，懂得如何讨他人喜欢，比如，人根本不需要复杂的训练，就懂得如何靠化妆来遮盖脸上的青春痘，以便给他人留下好印象。人们费尽心思地化妆打扮，只想让自己看起来更年轻，因此人们对涂口红、画腮红、修眉毛、戴假发套以及人工植发等行为乐此不疲。从最先进的整形手术、注射肉毒杆菌到简单的拍脸让脸变得红润，这些都是人们为了让自己看上去更美而做的努力。如今,这种努力已经延伸到了颈部以下,如很多男性希望通过健身塑造一身肌肉,很多女性想丰胸等。

正因为人人都想通过化妆或整形改变自己的外表,从而获得他人的青睐,所以人们也能轻易看出他人有没有化妆或整形。作为本质主义者,人们当然希望看到真实的一面。对女性来说,她们更希望自己交往的对象是真正年轻又强壮的男性,而不是依靠注射肉毒杆菌、服用雄激素或人工植发伪装出来的。

那么,外表到底有多重要呢?即使是最愤世嫉俗的进化心理学家也会承认,人们在考虑自己是否被某人吸引时,除了外表,还会考虑其他诸多因素。例如,女性在面临这一问题时,会被对方的财富、社会地位等左右,她们可能会放弃年轻强壮的帅哥,而选择衰老虚弱的百万富翁。尽管如此,人类的审美观与性欲仍然会被某些外在因素左右,如人们偏爱无瑕的肌肤胜过有斑点的皮肤,人们偏爱对称的脸型胜过不对称的脸型,等等。比起超级模特,你可能更爱你的发妻或丈夫,但超级模特或许永远都会是你的梦中情人,尽管你可能并不爱他们。

我不同意上述的这种外表决定论,我认为外表并不是唯一能吸引人的因素。进化论认为,人们会被具有某些特定特征的人吸引,而这些特征并不都是显现在外表上的。本章前面提到的研究很容易误导我们,因为它们都过于关注外表而忽视其他因素了,这些研究虽然能揭示我们为什么会对某张脸情有独钟,也能揭示对称的脸型或均衡的五官等特征很有吸引力,但仅此而已,它们对解释外表之外的其他因素毫无帮助。还有研究人员曾让被试闻陌生人的汗衫,然后让被试选出

第 2 章 只愿君心似我心：爱与性的愉悦为什么是永恒的主题

他们最喜欢的气味，这种研究只能说明激素对激发性欲所起的重要作用，而不能说明气味与其他可能会影响性欲的因素孰轻孰重。

那还有哪些因素会影响人的吸引力呢？亲密感是其中之一。

科学实验室 HOW PLEASURE WORKS　在一项研究中，研究人员安排一组女性去匹兹堡大学听不同的课，这些女性都没有在课堂讨论中发过言，也没有和课堂上的其他同学有过接触，唯一不同的是，她们上课的次数不一样：有些人听了 15 节课，有些人听了 10 节课，有些听了 5 节课，有些则根本没有去听课。之后，研究人员给学生们看这些女性的照片，并要求他们选出自己最有好感的一位。结果，听了 15 节课的那位女性被认为是最有吸引力的，而一次课都没去听的那位被认为最没有吸引力。

这项简单的研究涉及社会心理学领域的一个重要课题：曝光效应。也就是说，在其他条件都相近的情况下，人们偏爱和自己比较亲近的人。这种选择很合理，因为人们会觉得亲近的人比较有安全感。这一效应同样适用于吸引力问题，想一想为什么邻家女孩（男孩）让人觉得迷人就知道了。

科学实验室 HOW PLEASURE WORKS　在另一项类似的研究中，研究人员让被试从自己"高中年鉴"的同学照片中选出自己喜欢的人，然后按喜欢程度与吸引力大小排序。接下来，研究人员又让与被试年纪相仿的陌生人也从中选出自认为最有吸引力的人。如果被试对吸引力的判断仅仅依赖于外表，那么被试的选择与陌生人的选择应该基本一致，但事实上，二者的选择并不相同。被试的选择不仅建立在外表上，还会被自己对某人的好恶左右。

这进一步说明，长得好看不如长得顺眼。

另外，即使从一堆陌生人中挑选最有吸引力的一个人，外表也不是唯一的决定因素。事实上，让人觉得很有吸引力的脸既不是五官均衡的脸，也不是脸型对称的脸或中性的脸，而是微笑着的脸。

3个问题帮你找对伴侣

除了外表，还有哪些因素会影响我们的爱与性呢？在我看来，任何人在择偶时都应该思考以下3个问题，这3个问题的答案没有对错之分，每个人的回答也可能不尽相同。这正好告诉我们，人类的情感是多么丰富、复杂。

问题一：对方是男是女？

弗洛伊德曾经指出："当一个人遇到另一个人时，最先做出的判断是'对方是男是女'；而当人们面对这个问题时，总会习惯性地、毫不犹豫地给出答案。"至少对我来说的确是这样的。我常收到陌生人的邮件，有些是无法判断对方性别的外国名字，每当遇到这种情况，我都会感到很不安。其实我又不打算和这些陌生人谈情说爱，说起来这不应该困扰我，但这种情况确实会让我情绪波动。

当看到一个包着尿布的婴儿时，绝大多数人的第一个问题肯定是："是男孩还是女孩？"也许，当人们这么问的时候，婴儿也想知道问问题的成年人是男是女。婴儿在一岁时就能分辨男性和女性的声音，还能将男性的声音与男性的脸联系到一起，将女性的声音与女性的脸联系到一起。通常，婴儿更喜欢女性，不知道这究竟是由于婴儿天生就期待女性的关爱，还是由于大多数孩子都是由女性抚养长大，总之他们像大多数成年人一样，偏爱和自己亲近的人。

儿童会慢慢开始拥有性别观念，也会慢慢懂得两性差异，有的是心理层面的（如应该选谁作为伴侣），有的是社会层面的（如谁应该当护士，谁应该当警察）。儿童学习两性差异的速度快得惊人，如无论是小男孩还是小女孩，他们都知道洋娃娃更受小女孩喜爱。儿童很擅长观察事实，然后归纳总结。

更有意思的是，儿童有一套自己的理论来解释两性差异。心理学家玛乔丽·泰勒（Marjorie Taylor）通过实验发现了儿童自创的理论。

泰勒问一群孩子：如果有一个男孩在一个全是女性的岛上长大，有一个女孩在全是男性的岛上长大，那么这两种成长环境会对这两个孩子产生什么影响？那个男孩会喜欢玩洋娃娃吗？如果这群孩子认为两性差异是后天形成的，那么他们会认为那个男孩会喜欢玩洋娃娃；如果他们认为两性差异是天生的，那么他们会认为那个男孩不会喜欢玩洋娃娃。

结果，泰勒发现，这群孩子更倾向于认为两性差异是天性使然，无论环境如何，男孩就该做男孩的事，女孩就该做女孩的事；只有成年人才会考虑社会因素。这个结论与另一个访谈调查的结论类似，都认为儿童是以生物学导向来考虑两性差异的。本书前文曾提到儿童对男孩和女孩差异的本质主义倾向。等再长大一些，他们就会更多地考虑社会因素与心理因素，也会认为两性差异与人的成长背景有关，而这个结论大概是他们从社会中学到的吧。可见，社会生活会让人们更远离本质主义。

其实，我们并不是真的认为男性与女性具有不同的特质，很多时候，我们只是认为男女应该有别。《圣经》中记载，无论是女性穿戴男性的服饰，还是男性穿戴女性的服饰，都是严重的罪行；很多国家都立法禁止女性进入传统上男性独霸的领域，如禁止女性开车及禁止女性参军。再如，即使在相对开放自由的社会中，同性恋与变性都不再是犯罪，但混淆性差异的行为仍然难以被接受，且对很多人来说是不道德的，有时甚至会激起暴力性报复。

美国的儿童很难接受性别角色"越轨"行为，尤其是当这种"越轨"行为发生在男孩身上时。例如，对于一个穿裙子的男孩，有些孩子会说他们不会跟他做朋友，因为他们认为"男孩穿裙子"这种行为是错误的。在看到穿裙子的男孩时，他们还会感到吃惊和恶心。有些孩子甚至说，如果看到一个穿裙子的男孩，他们会去打他。可见，儿童不仅对两性差异很敏感，还想"捍卫"这种差异。

问题二：对方是我的亲戚吗？

第 2 章　只愿君心似我心：爱与性的愉悦为什么是永恒的主题

心理学家乔纳森·海特（Jonathan Haidt）[①]曾经描述过一个道德困境。

朱莉和马克是一对兄妹，他们在某次大学放暑假期间一起去法国旅行。有一天晚上，他们独自待在小屋里，两人都心血来潮，想要一起做爱，这对他俩来说是一种全新的体验。随后，朱莉吃了避孕药，马克戴了安全套，他们都很享受这次性爱，但决定只此一次，下不为例。他俩都对那晚发生的事守口如瓶，而且这次经历使他们感觉关系更亲密了。你怎么评价他们的行为呢？这对兄妹的行为是被允许的吗？

我在教授心理学导论这门课时，给学生讲过这个困境，学生对此的看法是"太荒唐了"。我们对这种乱伦行为总是嗤之以鼻，认为它是不道德的，但为什么呢？人们为什么对自己的兄弟姐妹没感觉呢？很多人都有很有吸引力的兄弟姐妹，可他们根本不会想与之发生不伦的关系。另外，与担心自己的孩子偷偷跟人发生关系比起来，父母担心孩子之间乱伦的概率极低。阻止兄弟姐妹间的乱伦并不是学校教育的重点，政客也没有大声疾呼禁止这一行为，心理学家也没有从政府手里获得拨款专门研究防治这一行为的对策，但阻止乱伦就像吃饭和排泄一样自然。乱伦之所以没有成为严重的社会问题，是因为几乎没人愿意这样做。

[①] 全球百大思想家之一，积极心理学先锋派领袖。海特在他的经典之作《象与骑象人》中，融合了多个学科的知识和研究成果，对古老的幸福假设进行了验证，影响深远。该书中文简体字版已由湛庐引进。——编者注

有些非近亲之间的乱伦时有发生，但由于双方关系比较远，人们的反感程度相应较低。法律条文或宗教经文中常常提到这类乱伦。如要给这些规定找一个理论支撑，那么肯定就是理查德·道金斯（Richard Dawkins）[①]的自私基因理论了。

从进化论角度来看，乱伦是不利于种族进化的，因为乱伦双方同属一族，携带大量相同的基因，学界称之为"近交衰退"，即乱伦会增加隐性基因变成纯合子的风险，从而导致后代更容易患上遗传病。但在实践中，我们很难解释这个理论究竟是如何起作用的，就像每个人的大脑里都有一本书，书里写着"禁止乱伦"，而在这条禁令下面都附有两条说明，一条带有强烈的感情色彩——"因为乱伦很荒唐"；另一条则带有评价色彩——"因为乱伦很不道德"。

此外，被一起抚养长大的人彼此间维系的兄弟姐妹关系往往会扼杀人的情欲。1891年，芬兰人类学家爱德华·韦斯特马克（Edward Westermarck）对此提出过一种观点，他认为是由于男孩和女孩长期混居才导致这个现象发生的，即在同一个家庭中长大的孩子会对长期相处的兄弟姐妹产生性反感。还有一种观点是，孩子们看到自己的母亲与兄弟姐妹间的互动，也会让他们对兄弟姐妹产生性反感。以我为例，如果幼年的我看到母亲在给另一个孩子喂奶，那么我肯定会认为

[①] 进化生物学家、牛津大学教授。道金斯在《基因之河》中，以现代生物学观点来解释生命进化过程；在《科学的价值》中讲述自己对进化论、科学、友谊、物种、社会问题及整个世界的观点和看法。这两部著作的中文简体字版均已由湛庐引进、天津科学技术出版社等出版。——编者注

那个孩子是我的亲属，因此不会对其产生情欲。当然了，第二种观点只适用于年长的兄姐，因为只有他们才能看到自己的弟弟妹妹被母亲喂养长大的情景。

科学实验室 HOW PLEASURE WORKS

为了比较上述两种观点哪种更合理，研究人员做了一个实验，他们询问成年被试一组问题，包括被试是否和兄弟姐妹一起长大，被试对兄弟姐妹的关心有多少，以及如果让被试和自己的兄弟姐妹发生关系，他们有何感觉等。

结果，研究人员发现，如果被试没有看过自己母亲哺育弟弟妹妹，那么上述第一种观点就占了主导，即跟兄弟姐妹相处的时间越长，他们的性反感就越强烈，而且他们对兄弟姐妹的关心也越多。而如果被试看过母亲哺育弟弟妹妹，那么第二种观点就是主要原因，即只要目睹过这一情景，他们的性反感就会很强烈，对弟弟妹妹的关心也会增加，至于是不是一起长大倒不是那么重要了。换句话说，只要你看到自己的母亲在哺育另一个孩子，那么即使你跟这个孩子被分开抚养，你也不会对他产生欲望。

这些反应都是下意识的。可能你清楚地知道对方不是你的亲生兄弟姐妹，但只要你们一起长大，你就会自然而然地认为跟对方发生性关系是乱伦。相反，如果你明确地知道对方是你失散多年的兄弟姐妹，但你们没有住在一起过，那么你对和对方发生性关系的乱伦感觉就不会太强烈。

除了担心与之发生性关系的人是不是自己的兄弟姐妹，还有一种情况需要担心：对方是不是自己的子女。一般人都不会想和自己的亲生子女发生性关系，因为关爱他们都来不及呢！

对女性来说，这似乎不成问题。纵观人类历史，大多数婴儿都是母亲怀胎十月生下来的，鲜有母亲分不清自己的孩子，可对男性来说就未必如此了。男性在很大程度上无法确定哪些孩子是自己亲生的，除非做亲子鉴定。

上文提及的男女因长时间混居而产生对兄弟姐妹的性反感的理论同样适用于亲子间。如果一个父亲从自己的孩子一出生就一直抚养他们，那他无论如何都不会想跟孩子发生性关系。但如果这个父亲没有参与抚养孩子，那他就有可能会对孩子产生性兴趣。

由此可见，人类的本能是被感性驱使的，而非理性。如果一个人收养了一个孩子，并亲手将其养大，那么他对这个孩子的感情就会如同对亲生孩子一般，他会认为这个孩子就是自己的骨肉，不可能与之发生性关系，尽管他们并没有血缘关系。相反，如果一个父亲与自己的女儿失散多年，而且当他第一次见到女儿时，她已经是个妙龄女郎，那么他就有可能会被自己的女儿吸引，尽管他们是亲生父女。

另一个感性驱使本能的例子就是孩子到底像谁。一般人认为，孩子越像父亲，亲生的概率就越大。因此男性会一直纠结孩子到底像不像自己，以此来判断孩子是不是自己亲生的。有些学者认为，男性的这种行为倾向会导致孩子越来越像父亲，而不是越来越像母亲，因为无论是不是亲生的，长得像父亲的孩子总能得到父亲更多的关爱。

第 2 章　只愿君心似我心：爱与性的愉悦为什么是永恒的主题

这种观点至今未被证明是否正确，但如果"戴绿帽子"在人类社会中司空见惯，那么这种观点中所描述的行为有可能会成为一种可怕但又重要的进化策略。长得不像父亲的孩子会被怀疑不是亲生的，如果被证实不是亲生的，那他们就难逃被遗弃的命运。因此，由于物竞天择，孩子会越长越像"父亲"。

问题三：对方的性行为史如何？

人类对贞洁的关注由来已久，在这种语境下，贞洁指的是没有发生过实质性行为，但这里所强调的"实质"有点让人困惑。2007 年 9 月，美国老牌网络杂志《石板》(Slate) 询问一些著名的两性专栏作家哪些问题最难解，有人这样回答：

> 我们一直搞不明白，为什么贞洁在如今仍然被定义为"未发生实质性关系"？如果异性恋夫妻与他人发生非实质性行为，那么还能说他们忠于婚姻吗？的确，由于导致受孕的性行为担负了繁衍后代的重任，因此它与一般性行为稍有不同，但时至今日，随着受孕技术的日渐发展，性行为已经不仅仅是一种繁衍手段，更多的是一种获得快乐的方式……贞洁的传统定义已经脱离时代了。

这听起来有些专断吧！人们在对贞洁的认识上各持己见，这一点不足为奇。其实，刚刚的回答已经透露出答案了："由于导致受孕的性行为担负了繁衍后代的重任，因此它与一般性行为稍有不同。"要我说，这可不是稍有不同而已。

的确，性行为与孕育后代之间存在巨大的差异。科技发展到今天，人们可以通过采取避孕措施，以便仅仅享受性爱而不要孩子，也可以在不发生性关系的情况下孕育后代。不过，人们的观念还未跟上时代的变化。人不仅活在此时此地，还会受个人经历与整个人类进化史的双重影响。在人类历史上的很长时期内，发生实质性关系是孕育后代的唯一途径。因此，人们会严格定义"实质性关系"，以区别于自慰等手段。

贞洁一词的核心内涵甚至比上述问题中提到的"实质性关系"还要狭窄，这个词通常专用于女性，而不包括男性。在传统观念中，女性的贞洁比男性的贞洁更珍贵，因为人们可以通过女性的贞洁来判断她所生孩子的父亲是谁，而很难通过男性的贞洁来判断孩子的母亲是谁。对男性来说，养育一个不是自己亲生的孩子简直就是进化灾难，这个孩子会混淆他的基因传承，因此知道孩子的母亲在怀孕前后有没有和自己之外的人发生性关系至关重要。

关于婚姻的是非题

即使你按照上述 3 个问题找到了几个适婚对象，要选定一个终身伴侣，仍然是一件非常困难的事。达尔文在 29 岁时曾为是否要结婚而烦恼不已，于是他把结婚和不结婚的利弊都在纸上，然后仔细地进行了对比。

第 2 章　只愿君心似我心：爱与性的愉悦为什么是永恒的主题

结婚：

- 会有孩子；
- 会有相互爱护的忠实伴侣，老的时候有伴；
- 会有一个值得去爱、能一起玩乐的人，这比养狗好多了；
- 会有一个家，也会有人照顾这个家；
- 会充满音乐与女性的絮叨；
- 有利于健康，但很耗费时间；
- 可以避免人生只有工作，像工蜂一样劳作致死；
- 可以避免一个人独自住在伦敦雾蒙蒙的大房子里——想象一下，如果有个贤妻，家里炉火正旺，她坐着看书，房里被音乐萦绕，这种情形无论如何都比一个人孤零零地待在肮脏阴暗的大房子里强。

不结婚：

- 可以自由自在地去任何想去的地方；
- 可以参加社团；
- 可以去俱乐部与人闲聊；
- 不用管七大姑八大姨以及各种琐事；
- 没有孩子，可以节省一大笔开支，也不用劳心劳力；
- 不用担心夫妻吵架；
- 不会浪费时间；
- 晚上可以一个人安安静静地看书；
- 不会长胖，不会变懒；

- 不会变得烦躁，不用一直负责任；
- 可以把更多的钱花在买书上；
- 如果结婚有孩子要养，就得辛苦工作、养家糊口，这不利于健康；
- 也许会因为妻子不喜欢伦敦而要搬家，从而可能会变得懒散、迟钝。

最后，达尔文写道："可见，一定要结婚。"几个月后，他就结婚了。

达尔文的清单列得很有维多利亚时代的特色，也很有达尔文的个人风格。孩子是结婚的首要考量，也是不结婚的借口之一，因为养孩子太耗费人力、物力和财力了。性未出现在清单上，结婚的主要考量也并不是为了性或孩子。在达尔文看来，结婚可以丰富他的生活，获得伴侣的忠诚陪伴。

在结婚的一个星期前，达尔文给未婚妻写了一封情书，上面写道："我想你会深刻地改变我，让我知道什么才是真正的幸福，那应该是比做理论研究或独居更大的幸福。"后来，她的确做到了这点。婚后，他们幸福美满。达尔文尊重妻子的宗教信仰，这也使他在研究人类思维进化时做出了一定的调整。

达尔文在找伴侣时并不看重对方的外表，他想找的是一个心地善良、思维独特的人。有的人找伴侣时看外表，希望找到年轻、健康的伴侣，有的人则希望找到聪明而善良的伴侣，因为这样的人懂得为人

第 2 章　只愿君心似我心：爱与性的愉悦为什么是永恒的主题

处世，与其孕育的子女也不会差。人们在找伴侣时，会希望对方照顾孩子，能在必要时支持和帮助自己。这就不难理解，在一项涵盖 37 个国家或地区的配偶期望值大调查中，人们最看重的品质就是心地善良。

大多数人都和达尔文一样，希望找到聪明、忠诚和善良的伴侣。问题是，该怎么找？

这与生物学上的雌雄淘汰理论有关，它由达尔文首次提出，又称性选择理论。我们回到前文提到的雄性孔雀上，它们长着艳丽的尾羽，但这些尾羽不但没有实际用途，反而很沉重，很难保持干净，拖在地上会减缓行走速度，更要命的是，它好像一个巨大的招牌，对着肉食动物招摇："来吃我呀！"在雌雄淘汰理论提出来之前，达尔文对雄性孔雀的尾羽困惑不解，他认为这是对物竞天择原理的一种驳斥。

他后来解释说，雄性孔雀的尾羽不是直接有利于其生存的，尾羽无助于它们躲避天敌、捕食猎物或保暖，也无助于它们在现实世界中生存下去。然而，尾羽却有助于它们吸引雌性孔雀。如果雌性孔雀被这些艳丽的尾羽吸引而选择了这只雄性孔雀，那么它们的后代将会"记住"这种选择——雄性孔雀幼雏会进化出更艳丽的尾羽，雌性孔雀幼雏则会保持对艳丽尾羽的青睐。这样代代相传，雄性孔雀就有了异常艳丽的尾羽。

1958 年，进化生物学家约翰·史密斯（John Smith）将这个理论拓展到了果蝇的求偶舞上。果蝇的这种复杂舞蹈看起来似乎没有用，但用雌雄淘汰理论来分析，就能让人茅塞顿开。雌性果蝇通过鉴别这些舞蹈来挑选雄性果蝇，因此雄性果蝇进化成了优秀的舞蹈家。通常，越挑剔的雌性果蝇，越有可能繁衍出高素质的后代。因此，基因促使雄性果蝇不断完善求偶舞，雌性果蝇则一直保持对求偶舞的青睐，这样代代相传，果蝇就有了跳求偶舞的行为。

心理学家杰弗里·米勒（Geoffrey Miller）认为，人类的很多有趣但浮夸的本能是根据雌雄淘汰理论进化而来的，人们通过展示自己来获得他人的青睐，如健身、舞蹈、体育运动、艺术、慈善活动以及幽默感等。

我无意深究米勒这种观点的细节，但他提到的另外两个关于吸引力的见解很值得探讨。

第一点是代价巨大的"信号"。这一点在上一章已经提到过，可以解释人们为什么愿意花大价钱买瓶装水，即一个人只有在花费巨额金钱、历经千辛万苦或有所牺牲之后，人们才会严肃地看待他提供的价值。如果他轻轻松松就能展示自己的价值，那么这种价值就不珍贵了，因为这种价值太容易被伪造。

信号理论在人们礼尚往来时可见一斑，尤其是当交往中的两个人互赠礼物时。"为什么男性会给女性钻戒作为求婚礼物，而不是硕大的马铃薯呢，起码马铃薯可以吃啊？"米勒对此的回答是："正是由于钻戒价格昂贵、没有实际用途，才使它成为求婚的最佳选择。"钻

第 2 章　只愿君心似我心：爱与性的愉悦为什么是永恒的主题

戒之所以被认为是一种爱的表示，而马铃薯不是，是因为绝大多数人都只会将如此昂贵的东西给他们最爱的那个人，而且赠送钻戒又能显示自己的财力与承诺。

当然，金钱并不是承诺的唯一表现方式。经济学家泰勒·考恩（Tyler Cowen）认为，给伴侣最好的礼物应该是自己不想要的礼物。他曾举例说，如果他送给妻子一整套《太空堡垒卡拉狄加》（*Battlestar Galactica*）的影碟，那么即使妻子很喜欢，这也算不上一份好礼物，因为他自己也喜欢这套影碟，所以送影碟的行为就不那么唯一了，没有传递出自己对妻子浓烈的爱意。

表达承诺的方法还有很多，如为对方改名换姓、和对方搬到一起住等。婚姻其实就是一种承诺，双方越是难舍难分，所传递出来的爱的信号就越多，相应的信号代价也就越高。婚前协议无论拟得多么理性、多么客观，都会传递出一种负面信号——夫妻中的一方甚至双方都担心婚姻关系可能会触礁，从而想方设法减少损失。当一位男性在妻子绝经后做结扎手术，他显然想传递给妻子一个信号：他永远不会离开她，也不会跟其他年轻女性再生育后代。当然了，如果这种结扎手术是可恢复的，可能就没那么浪漫了。

第二点是"热门之选"。米勒认为，人们在寻找伴侣时，其实是在寻找能给自己带来快乐的人。这可能因人而异，但米勒用进化论的观点解释说，这跟人类某些特征的进化有关。

最经典的生理学例子就是人类男性的性器官与其他灵长类雄性动

物的性器官不同。其他灵长类雄性动物的性器官比人类更显眼，如山魈长有亮紫红色的阴囊和红色的阴茎，长尾黑颚猴则长有蓝色的阴囊和红色的阴茎，人类男性的阴茎则更敏感、更长、更柔韧。米勒认为，是雌性的选择使雄性发生了这种变化，不过，他的这种观点饱受争议。

另一个例子是人类的大脑与其他动物的大脑不同。人们在寻找伴侣时，倾向于和让自己快乐的人交往。进化心理学家通常认为，人类的大脑既是用来研究各种自然科学知识的科学数据处理中心，也是为达目的不择手段的马基雅维利主义的阴谋制造地，企图通过零和博弈获得社会优势。也许，人类的大脑也是娱乐制造中心，它会根据雌雄淘汰理论制造快乐，这才使人类具备讲故事、制造幽默和散发吸引力的能力。

我爱你是因为你是你

由上文可知，人类的欲望可以是很明智的。我们逐渐进化为对人脸与臀部曲线很敏感的生物，与此同时，我们也会关注外表之外的其他更深层次的特征，不仅包括对方的性行为史、承诺以及才智，还包括对方是否热情和善良。

人们并不是被某个人的脸或身体、性格或才智吸引，而是被对方

第 2 章　只愿君心似我心：爱与性的愉悦为什么是永恒的主题

本身吸引，而对方恰好具备这些特质而已。毕竟，我们爱上的是一个完整的人，而不是这个人的某些方面。正如萧伯纳所说的那样："爱就是夸大一个人与另一个人之间的区别。"

有两点可以解释萧伯纳的这句话。第一点就是爱的诱惑力。如果你爱上对方仅仅是因为其才智、财富或美貌，那么你们的感情就不堪一击。史蒂芬·平克曾忧心忡忡地说：

你怎么能肯定，当一个十分优越的对象出现在隔壁时，你的伴侣不会出于理性考量放弃你而选择对方？因此，在选择伴侣时，不要选择那些经过理性权衡后跟你在一起的人，而要选择那些因为爱你这个人而愿意跟你在一起的人。

这种选择听起来可能有些不理性，但有着巨大的吸引力。如果你的伴侣不仅因为爱你而跟你在一起，同时还能享受跟你在一起的时光，那么就更好了。平克认为："称赞伴侣的长相、赚钱能力和智商会扼杀两人之间的浪漫情绪，而要想获得伴侣的芳心，只需反其道而行，即告诉他，你爱他是因为情不自禁、不得不爱。"神经学家已经发现了爱和依恋的特定神经系统，他们认为，有些人会对某些人"上瘾"。当然，他们所指的"上瘾"并不是指爱情，而是指母爱。

光有爱的诱惑力是不够的，还需要第二点，即爱人之于我们的独特性。其实，我们在看待艺术品、消费品或其他心头爱时也会这样。例如，如果我有一幅名画被人调包成了赝品，即使我分不清真迹与赝品，我也肯定会不高兴，因为我爱的那幅画就是"那幅画"，而不是

079

看起来与它很像的赝品。同理，仿造的劳斯莱斯车无论仿得多好，都比不上真的劳斯莱斯车值钱；而当我们把孩子的安全毯或泰迪熊玩具换成其复制品时，他们同样会不高兴。

接下来，试想一下，世界上有一个长得跟你最爱的人一模一样的人，旁人很难分清楚他们俩。比如，你最爱的人有一个双胞胎姐妹或兄弟，这时候，如果你被对方的某些特质吸引，那么按理说，你很有可能也会对对方的双胞胎姐妹或兄弟感兴趣。然而，研究发现，和双胞胎中的一人结婚的人，不会对其双胞胎姐妹或兄弟感兴趣，因为他们爱的是伴侣这个人，而不是对方身上的某种表面特质。

也就是说，一个人会对另一个人感兴趣，完全是基于对方这个人而言，而不是基于其某种特质。艾萨克·辛格（Isaac Singer）曾写过一个故事，很好地说明了这一点，这个故事讲述了一个意外发生的床上把戏，故事的大意是：有个傻瓜在家附近闲逛，逛着逛着迷路了，后来他又不知不觉地找了回去。他认为自己发现了一个跟自己住的村子一模一样的地方。他回到家后看到自己的妻子，原本对她的厌烦一扫而空，变得兴趣满满。

"爱不是用眼睛看，是用心感受"

最后，我们来讨论一种罕见疾病：卡普格拉综合征（Capgras

第 2 章　只愿君心似我心：爱与性的愉悦为什么是永恒的主题

Syndrome），又称替身综合征。患者坚信自己亲近的人，包括伴侣，都被人调了包，换成了和他们长得一模一样的复制人。有种理论认为，这种疾病的发病机制是，由于患者大脑中的某些区域受损，导致他们对所爱之人无法做出情绪反应。当患者看到自己的妻子时，会认为对方只是长得像妻子，而不是自己的妻子，因此他们会将自己的妻子视为妻子的替身，如认为对方是克隆人、外星人或机器人。

患者会变得恐惧、易怒，甚至会伤害自己的亲人。不过，并不是所有的卡普格拉综合征患者都会如此。在现实生活中，我曾听说过一个病例，她很像辛格写的故事中那个迷路的傻瓜。

1931年，有一位女士抱怨自己的伴侣不擅床事，既没天赋，又没技巧。后来，她的大脑受到了损伤，当她再看到自己的伴侣时，她将他当成了陌生人，并认为他"富有、英俊，很有男子气概，像贵族一样"。大脑损伤让她重启人生，也让她感觉到了伴侣浓烈的爱。

这个例子生动地说明了吸引力的本质，正如莎士比亚在《仲夏夜之梦》中借海伦娜之口说的一句话："爱不是用眼睛看，是用心感受。"

HOW PLEASURE WORKS

第 3 章

除却巫山不是云：
为什么有些东西永远无可替代

生活中的物品都或多或少
与人有直接或间接的联系，
即使最常见的物品也有自己的"经历"，
正是这种经历构成了它的本质。

HOW
PLEASURE
WORKS

第 3 章　除却巫山不是云：为什么有些东西永远无可替代

你愿意花多少钱为自己买一个肾？给你多少钱你才愿意替一个亿万富翁坐牢或服兵役？

以上这些交易在很多国家都是被严令禁止的，不过，人类从事这些交易由来已久。在美国，被禁止交易的东西有：

- 人（禁止奴隶贸易）；
- 政治权力与影响力；
- 司法正义；
- 言论自由、出版自由、信仰自由、集会自由；
- 婚姻权与生育权；
- 免予服兵役与免除陪审团义务；
- 官职；
- 剥削他人（迫使他人同意放弃最低工资法与健康安全法规中的权利）；
- 奖励与荣誉；
- 爱与友谊。

以上这些东西被禁止交易，不仅是因为人们自身不愿意参与其中，也不仅是因为人们认为一旦开始交易这些东西，社会就会变得更糟，还因为很多人认为这种交易骇人听闻、反常且道德败坏。

心理学家菲利普·泰特洛克（Philip Tetlock）及其同事做了一系列有意思的实验。他们给被试讲了禁忌交易的故事，如某医院院长不得不选择是否要花很多钱拯救一个垂死的孩子。他们发现，无论院长最终做出了怎样的选择，所有的被试对他都很反感，并认为他的选择本身就是不对的。

以上讨论的都是特例，而绝大多数东西都可以用来交易，如汽车、衬衫和电视机等，我们会根据其效用评估其价值。肾脏、人身自由之所以不能交易，是因为它们都很特殊。

我认为事情并没有这样简单。在本章中，首先我会向你介绍一个事实：我们常会本能地违背市场经济规律，即拒绝接受用金钱来衡量某些物品的价值。然后我会探讨我们为什么会对拥有某些物品孜孜以求——虽然物品的效用很重要，但人们对物品的评价还包含了一些其他有意思的因素。

我要告诉你的是，我们都是本质主义者，无论是成年人还是孩子，都会在评价一件物品时考虑该物品的隐藏本质——包括它的历史，这种本质主义解释了我们喜欢日常物品的哪些特征以及为什么某些物品可以带给我们丰富而持久的快乐。

第3章 除却巫山不是云：为什么有些东西永远无可替代

我们依据什么衡量事物的价值

几年前的夏天，有个小偷溜进了我家，他是从一楼后面开着的窗户进屋的。那扇窗户很小，因此我猜小偷可能是个孩子。房间里靠近窗户的是一张写字台，上面放着我新买的笔记本电脑、妻子的老台式机和我的钱包。这些东西一样都没丢，连房间里的电视机和影碟机都没少。小偷只偷走了游戏机与所有的游戏盘。

我们和办案的警察都为此困惑不解，尤其对小偷不拿钱包这点更难以理解：钱包里可是塞满了现金！

我猜，最简单的解释就是小偷没看到钱包，但后来我又想到了一种更有意思的解释：小偷并没有把自己当小偷。

经济学家丹·艾瑞里（Dan Ariely）认为，钱不像其他东西那样有特殊价值。他发现，与偷钱相比，麻省理工学院的大学生与哈佛大学的工商管理硕士更倾向于偷几罐可乐。就像我不会从同事抽屉里偷点儿钱，拿去给孩子买东西，因为我不是小偷。但如果我从单位的公共抽屉中拿些胶带、剪刀或纸张给孩子，那这种感觉就和偷钱完全不一样。我这样说并不是认为闯入我家的那个小偷没有负罪感，而是我猜他可能觉得偷钱和偷东西是两种不同程度的违法行为：偷钱比偷东西要严重得多。

人类学家提出了一个用来解释关于衡量物品价值问题的交易系

统，并指出世界范围内存在的交易系统的数量其实是有限的。一种交易系统是社群共享系统，该系统是最自然、使用最广泛的交易系统，通常应用于家庭内部或族群内部，即"你的就是我的，我的就是你的"。一种交易系统是等价交换系统，双方交换的物品或服务价值相等，即"你给我挠挠背，我也给你挠挠背"。这两种交易系统在其他灵长类动物中也存在。还有一种交易系统是市场定价系统，它涵盖了金钱、债务、利率以及高等数学等。这种交易系统是最优系统，但普及率不高，并不存在于其他灵长类动物中，因为这个系统非常复杂，只有在积累了一定的实践经验后才能理解它。

以上3种不同的交易系统使人们产生了不同的心理。市场定价系统将每样产品都与金钱挂钩，显得很严酷，不近私情，一切都是照章办事。而如果淡化交易或行动中的金钱属性，结果将大大不同，前文中艾瑞里的发现就体现了这一点，而我也在过去的研究中发现了同类问题。

我发现，在大学中，如果研究生需要一些数据作为参考，那么他们会在学校找一些本科生做问卷调查。如果是在耶鲁大学，做问卷调查就没那么容易了，因为耶鲁大学的学生往往都很有钱，不屑于问卷调查的那点儿报酬，而且他们也很忙，没时间做问卷。如果你给每人2美元作为做一份问卷的报酬，那么耶鲁大学的学生几乎没有人愿意做。但如果你给每人一瓶饮料或一袋巧克力豆，那么做问卷的人就多了，因为饮料或巧克力豆看起来比钱管用，尽管一瓶饮料或一袋巧克力豆根本不值2美元。有时候，金钱会限制交易的进行，让交易变得毫无吸引力，小零食则是人人都乐于接受的，它会"引出"人的善良本性。

第 3 章 除却巫山不是云：为什么有些东西永远无可替代

同样的道理，空手去别人家吃饭很不好，而给主人现金作为礼物或在酒足饭饱后说"这顿饭吃得真满足，记在我账上好了"更糟糕。金钱通常都不是作为礼物的首选，但如果根据效率准则，金钱就是最佳礼物，给钱比送花、送红酒或送珠宝好多了。因为你给对方钱，就等于给了对方自由挑选礼物的机会，他们可以用钱买自己想要的东西或存起来以后再花。然而，用金钱作为礼物其实是一种冷酷的市场交易手段。所以，对你爱的人，你最好送其他东西。

当然，在某些情况下，用钱作为礼物也合情合理，如在婚礼上送礼金或把钱作为给孩子的礼物，因为孩子和成年人不同，就算给孩子钱，也不会被认为是一种施舍。

其实，还有很多方法同样可以避免直接送钱带来的各种尴尬。例如，你可以"预约"礼物，即送礼的一方不必给对方钱或支票让对方自己去买，而是事先问对方想要什么，然后按照对方的意愿去买礼物。据我所知，很多已婚夫妇都会采用这种方式，他们会在结婚纪念日或配偶生日之前告诉对方自己想要什么样的礼物。

此外，还可以送礼品券。这种方式可以让送礼的人避免挑礼物的苦恼，也可以让收礼的人有更多的挑选余地。礼品券其实是一种很怪异的金钱替代物：一张面值 50 美元的礼品券和 50 美元现金几乎没有差别，但礼品券只能在某些店里使用，且有使用期限。对提供礼品券的商家而言，这是他们的生财妙招，因为总有一些礼品券无人使用或因过期而作废，这样购买这些礼品券的钱就会全部白白落入商家的口袋。

时至今日，人类已经逐渐适应了市场定价系统。**如果我们无法对日常物品定价，生活就会变得一团糟**。这不仅适用于市场定价系统，也适用于社群共享系统与等价交换系统。我们通过定价来公平分配各种事物，如给一群孩子分玩具。我们不会因为好友为我们下厨或写信而付他们报酬，但我们会计算这些事情的价值以便回报对方。例如，送酒作为回报时，你会考虑买什么价位的酒比较合适；如果有人替你照看宠物一个月，那么你会认为送他一包口香糖作为回报显得太小气，但送他一辆新车又太夸张。

在这个世界上，"任何东西都有价位"的观念深植人心。例如，我不会用金钱计算我与家人相处的时间，但我确实又在这么做，比如，我会放弃一些与家人相处的时间去做演讲，这样能得到报酬。再如，我的婚戒对我来说意义非凡，如果有人想花 100 美元买它，我肯定不卖，但如果价格涨到 1 万美元，我就可能会卖了。

现实其实很残酷，世界上有很多人都会被迫做出两难的选择。尽管发达国家的政府一直致力于保护环境、为穷人提供住房、为艺术创作者提供资金以及建立医疗保障体系，但仍然无法避免一些残酷的禁忌交易。现实世界充满博弈，就像你每多花一分钱去支撑一个剧团，就有可能少花一分钱投入幼儿疫苗接种工程。每个人都可以被量化和定价，正如保险公司会根据客户的身体损伤程度付保险金一样，失去一个脚趾与失去一条手臂或一双眼睛的保险金肯定不同。如果救活 10 个人要花费 1 000 万美元，那政府到底该不该花这笔钱呢？如果要花 100 亿美元呢？要回答这些问题，必然会涉及市场定价系统最具争议的领域，即人的生命该如何定价。

与物品的共同经历，影响着人们对它的评价

我们先从简单的入手，比如，我们是如何给杯子或袜子等日常交易物品定价的呢？

坦白地说，定价首先考虑的是物品的实用价值。如汽车很昂贵，因为它能载你去不同的地方；再如，大衣能保暖，手表能报时，房子可以用来居住，红酒可以喝，诸如此类。这些物品的用途是基于其物质属性而存在的，就像如果有人把我的手表换成其他手表，手表报时的这一实用性并不会因此改变。

物品的转手情况会影响其定价。假如你把一个咖啡杯以 5 美元的价格卖给别人，然后你再从对方手中买回来，这时，对方会向你要价多少呢？理性上来说，价位应该还是 5 美元，或考虑来回折腾的费用，价格会稍高一点。如果对方以 6 美元卖给你，那么他就能从中获利 1 美元。然而，人们通常不是这样考虑的。如果你要买回那个咖啡杯，那么对方一般都不会开价 6 美元，因为只要咖啡杯已经卖给对方了，它其实就完全不同于交易之前的咖啡杯了，它已经变成了对方的，而不再是你的，如何定价就是对方的事了。通常来说，对方拥有咖啡杯的时间越长，它对对方来说就越值钱。这就是禀赋效应。

此外，一般人会认为，人们选择的物品都是自己喜欢的，这当然没问题，但有一点常被忽略，即人们会不由自主地喜欢自己挑中的物品。

科学实验室

几十年前，社会心理学家杰克·布雷姆（Jack Brehm）做了一项实验，他让接受测试的家庭主妇根据自己的喜好来对一系列家居用品进行排序，并挑出自己最喜欢的一件，有咖啡壶、烤面包机等。起初，她们认为这些东西都挺好，但当布雷姆告诉她们，她们可以带自己最喜欢的那件回家时，她们开始精挑细选。等她们都挑到了心仪的物品后，布雷姆要求她们重新按照自己的喜欢程度给物品排序，结果被挑中的物品的排名明显上升，未被挑中的物品的排名则下降了。之后，布雷姆又告诉她们，她们不能带走自己心仪的物品，有个人竟然当场落泪。

由此可见，人们会喜欢自己挑中的物品，不喜欢未被自己挑中的物品。我举个很简单的例子来说明这一点。

有人在一家酒吧里做过一个测试，测试者在酒吧里找出三个一模一样的杯垫，先拿出其中两个让顾客挑一个出来，然后拿出第三个；接着，让顾客从第三个杯垫与在上一轮未被选中的杯垫之间再挑一个。结果，顾客认为未被挑中的杯垫经过第一轮选择已经跌价了，所以他选择了第三个杯垫。

很多人都不明白这到底是怎么回事。也许，这与自我提升[①]有关。人们都希望自我感觉良好，所以会通过肯定选中的物品及否定未被选中的物品来证明自己的选择是正确的。当然，也有可能是人们出

[①] 心理学术语，指人们采取某种行为策略以提升自尊的过程。——编者注

于一种进化层面的心理技巧，让重复出现的重大抉择简单化，即一旦从几个备选中挑出一个，那么挑中的物品与未被挑中的物品的"价值"就存在巨大的差异，当人们以后再碰到类似的情况时，会自然而然地挑选曾经被挑中的物品。

还有一种可能性是，它和自我知觉理论[①]有关。当人们评估自己的选择时，会把它当成是别人做出的选择来看待，所以当人们看到"别人"选择了甲而不是乙时，也会因为这一行为而认为甲更好——"别人"都选择了甲，自己的选择果然正确。

无论以上解释是对是错，有一点是肯定的，即人与物品之间的共同经历影响着人们对物品的评价。这一点不仅适用于成年人，也适用于4岁的儿童与卷尾猴。

名人效应

除了人与物品之间的共同经历，还有一种因素会影响人们对物品的评价，即在人们得到物品前，它本身的经历如何，如它从哪里来、最初的用途是什么以及有哪些人碰过它、拥有过它、用过它，更别说

---

① 一种自我评价理论，即认为行为影响态度，人们可以通过自己的行为与行为发生的情境了解自己的态度、情感和内部状态。——编者注

与名人有关的物品了。这样的例子在现实生活中屡见不鲜，只要看看人们贩卖与购买的东西就知道了。

易趣网上的拍卖商品会因为与某个名人有关而价位飙升，如有名人的签名。爱因斯坦的亲笔签名卖到 255 美元，肯尼迪总统的亲笔信叫价 3 000 美元，嘻哈歌手图派克·沙克（Tupac Shakur）在狱中写的信也卖到了 3 000 美元，《星际旅行：下一代》剧组的签名明信片被炒到了 700 美元。其实，这些签名都很容易仿造，很难分辨是不是真迹，但价位却相差悬殊。亲笔签名之所以值钱，就是因为它们和名人有关。

另外，与重要人物经常接触也能提升物品的价位。在 1996 年的一次拍卖中，肯尼迪总统的高尔夫球杆拍出了 772 500 美元的高价，而肯尼迪总统的一把卷尺也拍到了 48 875 美元。奥巴马没吃完的午餐也被拍卖，甚至连"小甜甜"布兰妮（Britney Spears）嚼过的口香糖也能在易趣网上找到。

说到布兰妮，2007 年 10 月，有位摄影记者被她的车子碾了脚，随后他就在易趣网上拍卖他被车碾到时穿的袜子，他称为"音乐大事记"：真正被布兰妮的车碾过的袜子！如假包换！袜子上的轮胎印就是最好的证明！

名人效应自古就有。在中世纪时，就曾有人兜售各种"圣物"，并号称它们是某位圣人的骨头或钉死耶稣的十字架的一部分。莎士比亚去世后，有人把他家附近的树木砍了，当作珍贵的木材高价出售。

拿破仑墓周围的树木同样被砍了，被人分成一片片带回去作纪念品。

另一个名人效应的例子也非常有意思。作家乔纳森·萨佛兰·福尔（Jonathan Safran Foer）喜欢收藏白纸，他的这一兴趣缘于一次偶然。福尔的一个朋友在归档辛格的材料时，发现了一叠没用过的打印纸，于是就把最上面的那一张送给了他。后来，事情就一发不可收了，福尔开始向其他作家要白纸，而且必须是他们本来打算写字的纸。迄今为止，福尔已经有理查德·鲍尔斯（Richard Powers）、苏珊·桑塔格（Susan Sontag）、保罗·奥斯特（Paul Auster）等许多作家的白纸了。他甚至说服伦敦弗洛伊德博物馆的负责人将博物馆中弗洛伊德书桌上那一叠白纸的第一张送给他。

福尔的收藏行为说明了一个道理：无论藏品看起来多么平淡无奇，只要与名人有关，它们就很值钱。

物品的魔力：
让人睹物思人，又是原物主的一部分

有人认为，人们会珍惜某样物品，是因为他们认为其他人和自己一样视之如宝。例如，花重金买肯尼迪总统的卷尺的人很可能希望再以高价脱手，或希望它能作为炫耀的谈资。还有人认为，人们会珍惜某样物品，是因为它能唤起他们的回忆。它会让人想起自己十分喜欢的人，而且这种回忆能带来无限的幸福感，因此人们爱屋及乌，非常珍惜这件物品。

在我看来，以上这两种看法都有道理，但都不全面。人们会珍惜某样物品，更多的是为了自己，而不是拿出去吹嘘或换钱。例如，我们会非常珍惜自己孩子的婴儿鞋，其他人对此却兴趣不大。虽然特定的物品能带给人们美好的回忆，但这不足以解释它带来的全部快乐。例如，如果我回忆我儿子的婴儿时期，那么即使婴儿鞋不是他小时候穿过的，仅仅是个复制品，它也能勾起我的回忆，不过相对来说，一卷记录我儿子儿时生活的录像带会比婴儿鞋更有回忆价值。再比如，如果有人要怀念肯尼迪总统，那么买一张他的海报应该比买他用过的一把卷尺好得多。除了上述提到的两点，肯定还存在其他的原因，使我们将某样物品与某个特定的人联系起来。

人类学家詹姆斯·弗雷泽（James Frazier）在《金枝》（*Golden Bough*）一书中提到，一旦某物被某人接触过，这种联系就会一直存在，即使二者被彻底分开，联系仍旧存在。弗雷泽举例解释道："施法者能通过他人身体的一部分控制他人，如头发、指甲等，只要它们落入施法者手中，那么无论二者相隔多远，施法者都能让他人按照施法者的意愿行事。"

这种观点解释了为什么某些物品对某些人具有特别的吸引力，因为这些物品在与原物主朝夕相处后，不仅沾染了他们的某种心理或道德特质，还获得了原物主的某些"本质"。这些物品不仅能让人们睹物思人，在某种程度上，它们也是原物主的组成部分。

第3章 除却巫山不是云：为什么有些东西永远无可替代

只要是和原物主亲密接触过的物品，就能达到这种效果。基于此，我们就不难解释为什么拍卖会上的名人旧衣服会那么值钱，以及为什么人们在买到这些旧衣服后不愿意洗干净。有拍卖方曾提供了干洗服务，为买家免费清洗拍到的旧衣服，之后会送货到家，但买家都不愿意享受这项服务，拍卖方后来也只好取消。买家希望他们买到的旧衣服维持着名人穿过的状态，他们不想洗掉旧衣服上名人的汗渍和味道等"特质"。

我曾和一些心理学家共同做了一系列实验，通过一种更可控的方式研究特定物品给人带来的快乐。

科学实验室
HOW PLEASURE WORKS

在其中一项实验中，我们要求被试写出他们最先想到的在世的偶像，他们给出的答案五花八门。接着，我们问他们愿意花多少钱买偶像的随身物品，如偶像穿过的毛衣等。这项实验的重点在于，研究被试对物品的特定特质和相关转变的反应情况。我们告诉一些被试，一旦他们买了这些随身物品，就不能转卖了，而且也不能告诉别人他们拥有这些物品。结果，这些被试的出价比一开始低了一些，这说明了人们会花大钱买偶像用过的物品确实和日后的转卖或吹嘘有关。我们又告诉其他被试，偶像的物品在送到他们手上之前会彻底经过杀菌消毒，结果，这些被试的出价大幅下降，最后只有初始价格的 2/3。

在另一项实验中，我们告诉被试，那件毛衣是别人送给他们的偶像的，偶像本人并未穿过，结果，被试的出价又大幅下降。

097

由此可见，物品之所以那么值钱，是因为人们认为物品上有偶像的残留物。这个结论与另一项研究的结论一致，即人们更愿意购买偶像亲自触碰过的物品。

　　在实验中，我们还问被试，如果他们穿上这件偶像的毛衣，会不会觉得很满足。结果显示，不准再转卖或不准告诉其他人拥有这件物品的"规定"丝毫不会减少被试的满足感。但是如我们所料，在得知毛衣已经被彻底消毒清洗或偶像从未穿过后，被试的满足感会明显降低。

　　到目前为止，我们讨论的都是物品带给人的积极影响。而与此相对应的是，如果某个物品被令人讨厌的人接触过，那么它就会明显掉价。

　　有意思的是，也有人对这种被视为带来消极影响的物品感兴趣，比如有人热衷于住罪犯住过的公寓，有人想要收藏从罪犯住所拆下来的砖瓦。此外，有些罪犯的画等物品在某些"特殊"拍卖会上都大受欢迎，有的甚至卖到了数万美元。当然，有这种怪品味的人只是少数中的少数。

　　后来，我们对上文提到的实验做了改动，将偶像换成被试鄙视的人，并询问被试会出多少钱买自己鄙视的人穿过的毛衣。结果，很多人都说自己根本不会买，穿上毛衣之后更不会感到满足。有些出钱买的人根本不在乎毛衣在拿到前经过了彻底消毒清洗，但随后我们告诉他们，他们一旦买下就不能转卖，结果，他们的出价大幅降低。这说明，这些人愿意出钱买，很大程度上是因为他们考虑到其他人会从他们手里再买走，而不是为了自身获得满足感。

物品是独立的个体，而非属性的总和

孩子会根据物品的经历来为其定价吗？如果他们要这样做，就需要将物品视为独立存在的事物。这并不是件易事，比认识物品的属性难多了。自然选择可以轻易地让飞蛾对光线非常敏感，让狗对特殊的气味做出特定反应，也可以让婴儿在好看的人与丑陋的人之间选择前者。每个神经网络都能进行归纳，对相似的刺激做出相似的反应，这种反应甚至不需要用脑。此外，即使是人体内的抗体，也如同一个个分类检测仪，对特定的抗原非常敏感。

有些学者认为，人脑犹如一台归纳整理机器，而人是通过认识物体的属性来认识世界的。哲学家乔治·伯克利（George Berkeley）曾指出："如果否定樱桃有柔软、湿润、红色和酸味这些属性，那么它就不是樱桃了。樱桃不可能与其属性分开存在。因此，樱桃不过是人感知到的各种属性的综合体。"

但伯克利的这种说法是错误的，因为我们不仅能认识到樱桃的属性，还能将之视为独立存在的事物。不妨想象一下，某个盒子里有两颗樱桃，即使每一颗都柔软、湿润、颜色红艳、带着酸味，它们仍然是两颗樱桃，而不是一颗，我们仍然能分辨出它们到底大小一样还是一大一小。而且，即使物体的属性不太稳定，常发生变化，我们也能认出来，如毛毛虫变成蝴蝶的时候。如果有人把樱桃涂成绿色，用盐腌渍，然后将其冷冻得硬邦邦的，那么樱桃就失去了伯克利说的所有属性，但樱桃并没有因此消失，它仍然作为独立的事物存在，即使其固有属性改变。

即使婴儿也能将物体视为独立的个体，而不是将其视为某些属性的总和。心理学家卡伦·威恩（Karen Wynn）通过研究6个月大的婴儿证明了这一点。

科学实验室

卡伦先给婴儿看一座空荡荡的大舞台，然后用帘子遮住舞台。接下来，她拿出一个米老鼠玩具给婴儿看，再当着婴儿的面将其放到帘子后面，之后又拿出一个一模一样的玩具，同样放到帘子后面。随后，她拉开帘子。这时，如果出现的是1个或3个玩具，而不是2个，婴儿就会露出惊讶的表情。

这项实验通常被用来证明婴儿懂得基本的数学运算，他们知道1+1=2。同时，这项实验也告诉我们，婴儿能将物体视为独立的个体。

事实上，1岁左右幼儿的言语已经能体现出他们分辨物体的能力。幼儿最早掌握的几个词包括"这个""那个"，他们使用这两个词来指代身边的某个具体物品。这一现象在说汉语、英语、丹麦语、芬兰语、法语、意大利语、日语、韩语、希伯来语等语言的国家和地区都存在。而且，有些幼儿还会自己创造独特的发音来指代身边

第 3 章　除却巫山不是云：为什么有些东西永远无可替代

的物品。我的儿子在大约 1 岁时就会指着某个东西用升调说："嘟哈（Doh）？"他并不是要我们拿那个东西，只是想把它指出来给我们看而已。

懂得分辨物体对认识物体的本质非常重要，但这远远不够。尽管孩子能将不同的物品区分开，也能将具有相同属性的两个物体视为互相独立的事物，但这并不意味着他们懂得物体的本质究竟是什么，也不意味着他们能认识到物体的经历会影响其价值。

为了证明这一观点，我和布鲁斯·胡德（Bruce Hood）[①] 一起做了一项实验。在实验中，我们需要一台能制造出和现实世界里的物体一模一样的复制机器。

如果有人能制造出这样一台机器，那么他一定会发财，因为他能随心所欲地制造出金子、钻石、翡翠、手表或笔记本电脑等值钱的东西。然而，并不是任何复制品都能和原物一样值钱。例如，如果用这台机器复制一沓钞票，你很可能会因造假钞而被判入狱；如果把毕加索的画、自己的婚戒或约翰·列侬的签名放进这台机器，虽然能得到很多一模一样的复制品，但你肯定会将复制品与原件分开存放以免混淆，因为复制品不会像原件那样值钱。而如果复制你的宠物或亲生孩子，就会导致一系列道德与情感的困境。

[①] 著名认知心理学家，他在《自我的本质》一书中提出了"自我是一种大脑幻象，本质上是由周围人塑造的，且会随环境而改变"这一重要观点，影响深远。该书的中文简体字版已由湛庐引进。——编者注

我和胡德做这项实验的目的，是想弄清楚孩子是否也和成年人一样，认为名人的物品更有价值。鉴于目的如此复杂，我们将被试孩子的年龄提高到 6 岁，但当我们开始实验时却发现，6 岁的孩子还不知道哪些人是名人。后来我们将英国女王伊丽莎白二世作为参照，对孩子们进行了测试。

上文提到的那台复制机器当然不可能存在，不过问题不大：胡德堪称业余魔术师，他将两个盒子放在一块帘子前面，如图 3-1 所示。

图 3-1　复制机器

为了让盒子看起来更像复制机器，这两个盒子一开始都是打开的。我们在其中一个盒子中放了一个绿色木块，然后把两个盒子的门都关上。我们装模作样地操作了一番控制器，然后装有绿色木块的盒子发出了蜂鸣声。几秒后，第二个盒子也发出了蜂鸣声。我们打开两个盒子的门，结果每个盒子中都有一个绿色木块（第二个盒子里的木块是由藏在帘子后的研究人员放进去的）。

当我们给孩子们看这整个过程时，他们都认为这是真的，而不是一个把戏。这一点与另一项实验的结论一致，即孩子对奇奇怪怪的机器都很感兴趣。当然，孩子们不怀疑机器的真假并不足为奇，毕竟他们生活在一个充满各式各样的机器的世界里，而且现实生活中已经出现了二维复制机器，如复印机。他们会觉得三维复制机器与二维的相比有什么不同吗？在实验中，孩子们认为三维复制机器并没有奇怪之处。当我们问他们在盒子实验中看到了什么时，他们都说看到了复制机器复制了那条绿色木块。

在实验中，我们分给每个孩子 10 个筹码，让他们在对比测试中使用，以此训练他们评估物体价值的能力。举例来说，我们给他们看一个很吸引人的玩具和一块石头，一旦他们认为玩具比较值钱，他们就会把更多的筹码花在玩具上，而不是石头上。

随后，我们又把一个金属酒杯或一把金属勺子放进第一个盒子中，告诉孩子们放进去的东西很特别，因为它们曾经属于伊丽莎白女王二世。接下来，我们关上了盒子上的门，并装出操作盒子的样子。蜂鸣声响过之后，两个盒子里都出现了一模一样的酒杯或勺子。接着，我们要求孩子们对这些东西进行估价。我们做的另一项实验与此类似，但没有说酒杯或勺子是属于伊丽莎白女王二世的，只是说它们是银器，很值钱。

正如我们预料的那样，孩子们认为伊丽莎白女王二世曾拥有过的物品比其复制品更值钱，他们明白她曾经接触过的物品会升值，而没有被她接触过的复制品没有那么值钱。第二项实验则得出了不同结果：孩子们认为两个盒子中的东西都是银器，价值一样。也就是说，物品的经历不能被复制，但其属性可以被复制。

人类是高度本质化的动物。我们没有必要区分这一块石头和那一块外表相似的石头到底有何不同，但对人的区分却很重要。例如，婴儿对母亲很在意，他们会从几个长相相似的女性中选出母亲；同样，母亲也会在意到底哪个才是自己的孩子。

那么，孩子对人的特殊性是否也特别敏感呢？对于这个问题，同样可以用复制机器实验来解释。我们挑选了4～6岁的两组孩子作为被试，然后把一只仓鼠放到第一个盒子中，关上盒子的门，一道光扫过，蜂鸣声响起，复制完成，结果每只盒子里都有一只仓鼠。这两只仓鼠是同一窝出生的，肉眼根本分辨不出它们的差别。

我们之后又做了类似的实验，结果发现，孩子不再把复制品当作复制品看待了。也就是说，虽然我们成功地"复制"出一只仓鼠，但他们认为，原来那只仓鼠的心理状态并没有被复制到复制品上，而且还认为原来那只仓鼠喜欢哪些东西或掌握了哪些技巧也没有被复制。可见，孩子是将复制机器视为身体复制机，而不是思维复制机，他们认为复制出来的仓鼠与原来的仓鼠是截然独立的两个个体。

如果再极端一点儿，又会怎么样？假如我们制造一台更大的复制

第 3 章　除却巫山不是云：为什么有些东西永远无可替代

机器，用大柜子代替盒子，让一个人走进柜子，然后走出来另一个人（同样的把戏），那么孩子会如何看待这个走出来的人呢？如果让孩子的母亲走进柜子，再走出来另一个看起来像其母亲的女性，孩子会有什么样的反应呢？他们会害怕吗？会感到焦虑不安吗？会哭闹着要自己的妈妈回来吗？

基于伦理学与实际操作层面的原因，我们没有做这项实验。不过，作家亚当·戈普尼克（Adam Gopnik）对他 5 岁大的女儿奥利维亚做了一个类似的、更温和的"实验"。

奥利维亚养的鱼布鲁依死了。趁奥利维亚不在家的时候，戈普尼克和妻子想要买一条和布鲁依很像的鱼蒙混过关。不过，他们又觉得不应该欺骗女儿，于是，他们编了一个故事，说布鲁依去宠物医院了，这条新的鱼是布鲁依的亲兄弟，在布鲁依不在的这段时间，暂时由它来陪奥利维亚。然而，看着这条跟布鲁依一模一样的鱼，奥利维亚却很不高兴。

"我讨厌这条鱼，"奥利维亚说，"我讨厌它，我要我的布鲁依。"

戈普尼克夫妇想要安慰她，但是没用。

他们说："这条鱼跟布鲁依长得一模一样啊！"

"虽然它看起来很像布鲁依，"奥利维亚说，"但它不是布鲁依啊！我又不认识它，它也不认识我，它不是那个常常和我'聊天'的朋友。"

它们的无可替代源于"经历"的本质

前文讨论了物品因被名人或我们深爱的人接触过而变得与众不同,也讨论了人类和动物的价值在于他们是独立存在的个体。在下一章中,我们将讨论另一种彰显物品价值的方式,即人类通过高超的技艺也能使物品价值连城。

一般来说,能被定价的物品都有一个有意思的特性:它不是人类,但在评估它的价值时,却往往被视为有生命的个体。这不足为奇,因为将物品拟人化由来已久,人们会给周遭的物品赋予一定的人格特质。1757年,大卫·休谟提出了这样的一个问题:"人类天生就有将事物拟人化的癖好,因此我们能从月亮中看到人脸,也能从云中看到天兵天将。如果没有后天的阅历与审慎思考,我们就会将万事万物都与人的喜怒哀乐挂钩,让这种拟人化左右我们对事物的看法。"

这一观点有助于我们理解为什么孩子会对某些物品情有独钟,如泰迪熊玩具、安全毯、毛绒玩具以及某些日常用品。儿科专家兼心理分析师唐纳德·温尼科特(Donald Winnicott)认为,孩子会将这类物品当作母亲或母亲乳房的替代物。温尼科特将这些物品称为"过渡性物品",因为这些物品反映了孩子从依赖母亲逐渐变得独立自主的过程。这一解释为我们揭开了很多谜团,如为什么孩子会对这些物品如此依赖,为什么孩子喜欢的物品都很柔软,抱起来就像抱住自己的母亲一样舒服。它甚至也能解释文化差异:与美国的孩子相比,日本的孩子对过渡性物品的依赖程度要低,这很可能是由于日本的孩子通

第3章 除却巫山不是云：为什么有些东西永远无可替代

常是与母亲一起睡的，因此他们对替代物的需求不如独自入睡的美国孩子那样强烈。

如果这些物品被视为某个人的替代物，那么孩子与这些替代物的关系就应该是独一无二的，孩子会将这些物品视为独立存在的个体，不允许别人随便替换。比如，有些孩子很在乎这些物品，即使它们坏了，也不准别人随便修补，更不允许别人拿其他相似的东西替换它们。

科学实验室 HOW PLEASURE WORKS

我和胡德也曾经用复制机器实验来解释这一现象。我们设计了一个实验，通过"复制"3~6岁孩子的过渡性物品来观测孩子的反应。为此，我们找了一些固定和某些物品一起入睡的孩子来参加实验，他们拥有这些物品的时间占到他们当前人生的1/3以上。实验时，孩子的父母带着孩子与过渡性物品来到实验室；与此同时，我们也找了一些没有固定过渡性物品的孩子作为比照组，并要求这些孩子的父母从孩子喜欢的玩具中随便挑一样一起带来。

实验其实很简单，孩子们一来到实验室，我们就给他们看复制机器，并告诉他们机器运作之后能复制出一模一样的物品。然后，我们让孩子们将带来的物品放入机器中进行复制。如果孩子们同意，我们就把物品放入盒子中进行"复制"，然后问他们是愿意将原来的那个带回家还是愿意将复制品带回家。

结果，那些没有固定过渡性物品的孩子通常会选择带复制品回家，因为他们觉得这样很酷，毕竟这个复制品是由一台他们从未见过的复制机器制造出来的。但当我们告诉他们复制机器根本不是真的，而且也没有所谓的复制品时，他们很失望。

有过渡性物品的孩子则表现得很不同，一些孩子根本不愿将自己的物品放进机器中进行"复制"，即使是同意"复制"的孩子，他们也会选择将原来的物品带回家，而不要复制品。

后来，一份畅销的报纸对这项实验进行了报道，不久，胡德收到了一封特别的来信，信上的内容是这样的：

亲爱的胡德博士：

您好！我的母亲已经86岁了，她每晚都与她的小枕头一起睡，这个小枕头从她还是婴儿时就和她一起了。在她86年的人生岁月里，她只有一晚是与这个小枕头分开睡的，那是在一次空袭来临时，她在匆忙中忘了把小枕头带进防空洞。她还要求我们，在她死后，一定要将她与小枕头埋在一起。她还给这个小枕头起了一个名字：比利。我觉得她是不会同意将自己的小枕头换成一个复制品的……

当然，绝大多数日常物品都不是小枕头比利，我们不难同意将自己的大多数所有物拿去换成复制品。然而，**生活中的物品都或多或少与人有直接或间接的联系，即使最常见的物品也有自己的经历，而这种经历构成了它的本质。**有些物品，如上文提到的小枕头比利、宠物鱼布鲁依、肯尼迪总统的卷尺、乔治·克鲁尼的外套或孩子穿过的鞋等，带给人们的快乐就源于它们的本质，即它们的经历。

HOW PLEASURE WORKS

第 4 章

衣带渐宽终不悔：
为什么我们会对艺术表现力孜孜以求

人们从艺术中获得的快乐
大部分根植于其反映出来的人类历史，
而这些历史才是艺术的本质所在。

HOW
PLEASURE
WORKS

第 4 章　衣带渐宽终不悔：为什么我们会对艺术表现力孜孜以求

2007年1月12日清晨，一位身穿牛仔裤和长袖T恤、头戴棒球帽的年轻人在华盛顿地铁站拉小提琴。他先是把小提琴盒子打开，放在身体前，盒子里有几美元纸钞和一些硬币，然后，他独自演奏了43分钟，共6首古典乐，其间有1 000多名行人匆匆地从他身边路过。

乍一看，这不过是一次极其常见的街头表演，但事实上，这位年轻人名叫乔舒亚·贝尔（Joshua Bell），他是一位世界顶尖的小提琴演奏家，他拉的那把小提琴价值350万美元，是由意大利制琴大师安东尼奥·史特拉第瓦里（Antonio Stradivari）于1713年手工制造的。几天前，贝尔还在波士顿交响乐大厅演奏，现在他却坐在地铁站，在来来往往、行色匆匆的人群中演奏。

其实，这是《华盛顿邮报》的记者吉恩·温加滕（Gene Weingarten）策划的一项实验，他想要"对大众的品味做一次真实的测评"：在没有专家提示的情况下，普罗大众对高雅艺术会有怎样的反应？

测评结果让人很失望，贝尔最终只收到32美元的"打赏"。虽然这不算太少，但对贝尔高超的技巧而言，这点儿钱显得很寒酸。行人们匆匆赶路，根本无心留意自己听到的是什么。

美国国家美术馆的馆长马克·莱特豪瑟（Mark Leithauser）提到了另一个类似的例子。

如果将美国国家美术馆中的一幅价值500万美元的作品拿出来，如埃尔斯沃斯·凯利（Ellsworth Kelly）的一幅画，然后把这幅画的画框拆掉，再把它随便放到哪家小饭馆，和艺术学院的学生画的画放在一起出售，标价150美元，那应该不会有人特意关注这幅画。也许有位懂行的人来吃饭，抬头看到这画后可能会说："这幅画看起来有点儿像埃尔斯沃斯·凯利的风格啊！（转向他人）请帮我把盐递过来，谢谢。"

贝尔其实就像被除掉了"画框"：他从音乐厅来到了街头。实际上，在贝尔演奏几乎快结束时，有位叫斯泰茜的女士恰好经过，由于她在几个星期前去看了贝尔的音乐会，因此她站在不远处困惑地打量着这位街头艺人。在贝尔演奏结束后，她走上前寒暄了几句，给了他20美元。温加滕认为，斯泰茜不能算是因为音乐而驻足聆听，因为她认出了贝尔本人。她会给贝尔20美元，完全是因为她知道贝尔是顶尖小提琴演奏家，而不是或不完全是因为他演奏的音乐。

上述例子说明了包装与专家点评在艺术鉴赏领域的重要性。贝尔站在音乐厅里拉小提琴是一回事，戴着棒球帽在地铁站里拉小提琴却

第 4 章　衣带渐宽终不悔：为什么我们会对艺术表现力孜孜以求

是另外一回事。

这听上去好像在诡辩，但事实上一点都不奇怪。我们都知道，如果一幅画出自名家之手，那么它的价格肯定不菲。而如果它只是一幅赝品，那么它的价值会暴跌。例如，如果伦勃朗的名作《夜巡》（The Night Watch）有一天被证实是赝品，那么一夜之间，它会从价值连城变得一文不值。是不是真迹，决定了画的价值。

这听上去有点不合理。因为如果一个人真的喜欢《夜巡》这幅画本身，那么是伦勃朗画的还是张三李四画的又有什么关系呢？同样，如果一个人真的喜欢贝尔的演奏，那么在音乐厅听到还是在地铁站听到，又有什么不同呢？画是如此，音乐也是如此。如果一个人真心喜欢它们，就不会在乎包装与专家点评。温加滕的实验击中了人类的软肋：人们往往趋炎附势、人云亦云，且缺乏独立的见解。

为何人人都是真迹控

阿瑟·库斯勒（Arthur Koestler）在他的《创造行为》（The Act of Creation）一书中讲了一个与贝尔的经历类似的故事，故事的主角是他的朋友凯瑟琳。

有一次，凯瑟琳收到了一幅毕加索的画，别人告诉她这是真迹的复制品。她很喜欢这幅画,便将它挂在楼梯口。后来,凯瑟琳拿着这幅画去做鉴定,结果出乎她的意料:这幅画居然是毕加索的真迹!她欣喜若狂,马上把画挂到家里更显眼的地方。她告诉库斯勒,现在她觉得这幅画越看越顺眼,跟一开始简直判若两"画"。

库斯勒很烦她这一套,他在书中写道:"和她说几次都没用,如果她真的是从纯粹的美学标准出发,那么这幅画是不是真迹以及是否罕有并不影响画的品质,也不影响她对这幅画的鉴赏。"库斯勒认为,如果凯瑟琳承认她仅仅是对"毕加索"这3个字感兴趣,那她的行为也没什么大不了,可最让他受不了的是,凯瑟琳一再和他强调,自从她知道那幅画是真迹之后,她觉得那幅画变得更美了。

对库斯勒来说,凯瑟琳这样的人就是一个"势利小人",这个词指的是某些不正派、总是趋炎附势的人。而"社交势利小人"指的就是那些根据他人的权势和地位,而不是根据个人秉性来结交朋友的人。

库斯勒在他的书中还提到了一个在爱情方面表现得像势利小人的一个人,只要有作家的书卖到2万本以上,这个人就愿意跟作家共度春宵。库斯勒觉得这实在太荒唐了,他写道:"她满脑子都是畅销书作家的名字。"凯瑟琳就是艺术领域的势利小人,她并不是从艺术品本身获得快乐,她在乎的仅仅是艺术品的作者是谁。

还记得本书一开始提到的荷兰仿造大师米格伦的事例吗?从某种程度上说,他的事例跟库斯勒提到的凯瑟琳如出一辙。米格伦不喜欢现代艺术,他的艺术生涯就是从模仿伦勃朗风格起步的。可惜他时运

第 4 章 衣带渐宽终不悔：为什么我们会对艺术表现力孜孜以求

不济，评论家们对他的作品不屑一顾，有位评论家很有先见之明地说过："米格伦的画除了缺乏原创性，其他方面都不错。"

部分出于报复，部分出于赚钱糊口，米格伦索性开始伪造维米尔的画。维米尔的名作《在以马忤斯的晚餐》是荷兰国宝级的珍藏，米格伦伪造了这幅画。后来，评论界对米格伦伪造的《在以马忤斯的晚餐》赞不绝口，首屈一指的评论家也为它倾倒："不得不说，维米尔是大师中的大师。"米格伦有点自大，他亲自去布尼根博物馆看了这幅画的展出，然后在众人看画时大声地说展出的画是假的，其他人反唇相讥，说只有维米尔这样的大师才能画出这样的杰作。其实，米格伦就是为了听到这句褒奖才这么做的。要不是因为将一幅伪造的画卖给戈林而被捕，米格伦伪造名画可能永远不会失手。

本书一开始是从戈林的角度来谈的，现在我们站在评论家的角度来讨论。如果那些自视甚高的评论家知道他们倾倒的所谓"真迹"不过是米格伦众多伪造品中的一幅，他们会羞愧到何种程度！其实，当时有些评论家就产生了一些怀疑，许多当代的评论家对这样一幅赝品居然能蒙混当时几乎整个评论界感到难以置信。在不知道真正的作者时，评论家们理所当然地认为这些画是维米尔的真迹，因此毫不吝啬各种溢美之词，可一旦知道了作者是米格伦，他们就马上改变了态度。有人这样写道："在米格伦的事件被曝光之后，他的那些作品显然变成了异常丑陋、令人不快的作品，跟维米尔的真迹有着天壤之别。"

在前几年的一次拍卖中，苏富比拍卖公司以 3 200 万美元的天价卖出了维米尔的《坐在维金纳琴旁的少女》(Young Woman Seated at a Virginal)，但这幅画的作者到底是谁一直存有争议。专家认为这是维米尔的真迹，所以它在当时被拍出了3 200万美元的高价。不过，假如这幅画日后被证实是假的，那么这3 200万美元就都打了水漂，而那些专家也会因此无地自容。可以想象，一旦他们知道画是假的，肯定会有人出来说"这幅画画得这么差，一看就不像真迹"之类的话。

如果日后《坐在维金纳琴旁的少女》被证实是赝品，那么它可能会被运到康涅狄格州格林尼治的布鲁斯博物馆。这座博物馆面积不大，但很有看头，离我家也只有一小时的车程。它里面就有米格伦伪造的《在以马忤斯的晚餐》，与其他赝品与伪造品放在一起。站在这幅画前，我曾不止一次地想，如果在1945年米格伦事件曝光前，我能从博物馆里把画偷出来，那么我就是名噪一时的艺术品大盗了。而如果现在我这么做，那就真是一个大笑话了，新闻头条将会是"精神错乱的教授偷了一幅一文不值的赝品"。

问题到底出在哪儿？为什么我们无法从赝品中体会到跟真迹一样的快乐？本章将着重讨论这个问题。我将从音乐、图像与绘画入手，然后拓展到其他艺术形式与体育运动。本章将会得出一个结论，那就是我们对艺术品背景与历史的着迷并不是势利的或病态的，就像上文提到的贝尔参与的实验、凯瑟琳的故事、米格伦事件一样。人们从艺术中获得的快乐大部分根植于其反映出来的人类历史，而这些历史才是艺术的本质所在。

第 4 章　衣带渐宽终不悔：为什么我们会对艺术表现力孜孜以求

耳朵的盛宴：
音乐是人类独有的快乐来源

前几章讨论了人类的多种快乐，如饮食的快乐、拥有物品的快乐等，接下来要讨论的是音乐、图像与绘画带来的快乐。我们不得不承认，这些艺术形式带来的快乐不像前几章讨论的快乐那样，它们并不深刻，也没有太多的内涵。有时候，人们喜欢某支曲子仅仅是因为它听起来顺耳，喜欢某幅画仅仅是因为它看起来顺眼，和本质主义、曲子或画背后的历史与背景的关系都不大。

事实上，我们也不知道自己为什么会喜欢某支曲子或某幅画。1896 年，达尔文将人们对音乐的热爱归为人类最费解的特征之一。时至今日，情况依然如此。人类希望获得食物、水、性、温暖、休息、安全感以及爱，这毫不奇怪，因为这些东西都有助于人类生存下来，也有助于人类繁衍，将这些与快乐相联结是为了激励人类祖先主动寻求它们。那么，人类为什么会喜欢音乐？世界各地的人们为什么要花费很多时间与精力去唱歌、跳舞？亚马孙雨林中的人们为什么每天辛劳勉强度日，却会花几小时唱歌？这听起来像是一种巨大的浪费，他们的行为让人不得不重新思考秉持物竞天择观的进化论，重新评估神造世人的理论。因为按照进化论的说法，在这种原始环境中，他们应该把时间全都花在如何生存下去这件事上，而不是花在唱歌这种无助于生存与繁衍的事情上。

事实上，音乐是人类独有的快乐来源。音乐可以抚慰人心，但只对人类管用，对老鼠、猫、狗甚至猩猩都不管用。也许有人会提出异议，说他家里的猫也会陶醉于吉他声，但迄今为止，还没有实验结果证明非人类动物会欣赏音乐。以下实验可以检测动物是否会欣赏音乐。

研究人员将动物放入迷宫中，迷宫中的每个分岔路口都与不同的声音相联系，通过观察动物往哪个方向走，可以判断它们喜欢的声音类型。实验结果表明，灵长类动物偏爱寂静无声，它们对音乐是否流畅或是否杂乱根本没有感觉，猴子则根本不在乎它们听到的是摇滚乐还是指甲刮黑板的声音。

相对而言，人类普遍热爱音乐。不过，检测婴儿对音乐是否有感觉比检测猴子要难，因为不可能把婴儿放到迷宫里。有一种方法是让婴儿在听到喜欢的声音时转过头来，以此判断他们喜欢什么样的声音。实验结果表明，婴儿喜欢流畅的声音，不喜欢杂乱的声音，而且他们很喜欢摇篮曲的调子。从音乐中获得快乐的能力会伴随人的一生。尽管从中获得快乐的程度存在较大的个体差异，但只有大脑受损的人才会对音乐无动于衷。

心理学家史蒂芬·平克认为，热爱音乐是人类的共性，这一点也恰好说明音乐是进化的一次意外。在他看来，音乐是"听觉的芝士蛋糕"：就像芝士蛋糕能满足人类的口腹之欲一样，音乐能为大脑带来快乐。他解释说："芝士蛋糕为人类带来的快乐不同于其他任何自然存在的事物带来的快乐，它是人类为了触动自身快乐按钮而调制的一剂功能超强的快乐灵药。"平克认为，除了小说，所有的艺术形式基本上都是如此。

那么，音乐到底击中了人类进化中的哪个快乐按钮呢？平克列举了几种可能性，包括语言。语言和音乐一样，都有独特的规则，会按一定规律重复出现，虽然只有少数有限的组成单位（对语言来说是字词与语素，对音乐来说是音符），却能分别组合出各种各样不同的句子与曲子。语言和音乐也有不同，语言主要是用来表达具有特定含义的观点的，就像你看完这行字后会明白我的话一样；音乐则是用来传递感情的（如电影《大白鲨》的主题曲传递出一种紧张感），它更像是一种交流系统，无法表达任何观点。音乐通过声音给人带来快乐，语言则不同，人们之所以能从语言中获得快乐，并不是基于话语怎么说，而是基于话语表达了什么。唱歌也能给人带来快乐，而这种快乐结合了语言与音乐这两种形式。

也有学者认为，音乐是进化的产物，他们并不否认音乐带来的快乐是由某些脑区产生的。从生物学角度来看，新的事物都来自已有的事物，但是，"音乐是进化的产物"这一观点似乎表达了一种新的论断：音乐之所以存在，是因为它为人类提供了繁衍优势，精通音律的人比音痴乐盲更具有遗传优势。

心理学家丹尼尔·列维汀（Daniel Levitin）是这一观点的主要捍卫者。他认为，唱歌、跳舞是社会进化的产物，如音乐可以协调敌对双方，也有助于协作性工作的完成，还可以帮助人与人之间建立情感纽带。如果他的观点是对的，那么音乐进化史就成了联系人与人之间纽带的历史，与人类的群体归属感、相互依赖感以及对异族的不信任感如出一辙。

即使音乐真的能带来社交优势，得出音乐是进化的产物这一结论仍然需要更多的证据，来证明音乐之所以存在，是因为它有助于社交。因此，列维汀等支持这一观点的学者就需要证明，那些不谙音律的人类祖先与精通音律的同伴相比，其被社会认可度较差，获得异性青睐的概率也比较低。进一步讲，他们需要解释音乐的特质是如何一步步进化而来的。换句话说，既然流畅性很重要，那么为什么人类不按照一定的规律嘟哝、大叫或怒吼呢？为什么人类会对音乐的复杂性如此着迷呢？为什么人类会对音乐的曲调以及和弦等感兴趣呢？

抛开列维汀等人的观点是否正确不谈，他们仍然为我们提供了常被其他学者忽视的更深层次的思考角度：律动的重要性。当人们听到音乐时，即使身体保持静止不动，大脑内掌管身体运动的区域也是非常活跃的，这就是为什么我们常常会跟着音乐摇摆。对孩子来说，他们会不由自主地随音乐摇摆。忽略音乐律动而单独研究音乐有失偏颇，就好像研究饮食偏好时将嗅觉缺失的人作为研究对象一样。

研究表明，如果一个人和其他人一起随着音乐跳舞，那么他会更喜欢和他共舞的人，也会感觉双方之间联系得更紧密，而且对方也会认为这个人很容易相处。唱歌与跳舞是相互联系、伴随出现的，比如人们会在婚礼上手拉着手唱歌、跳舞，也会在酒吧里和烂醉的朋友乱舞。当然，还可以通过观看其他人唱歌、跳舞间接地获得体验。音乐的这种作用也许可以用来解释为什么宗教总有很多歌唱、吟诵和舞蹈，因为宗教是借助音乐的这种作用来巩固教徒的虔诚信仰的。

有些学者认为，音乐和舞蹈有助于增进群体凝聚力，所以说它们是进化而来的。不过，这一观点不但没有解释清楚为什么它们是进化而来的，反而将问题复杂化了。按照他们的逻辑，我们也可以提出这样一个问题：为什么我们会对一起唱歌、跳舞的人有亲近感呢？这个问题很难回答。抛开进化的观点，会不会是这样一种逻辑：如果我和其他人一起跳舞，而且他们的动作和我的一样，那么，我和他们之间的界限就会渐渐消除；我会觉得我和他们是一伙的，他们也会有同样的感觉，因此我们彼此都会感觉很亲近？

到目前为止，我们从宏观上讨论了音乐带来的快乐，尽管收效甚微。从微观上来看，一个人喜欢听哪种类型的音乐，取决于他的生活环境中充斥着哪种音乐。在印度流行的歌曲和在美国流行的歌曲肯定很不一样，而且，即使是在同一个国家，个人的音乐喜好也不尽相同。以我家为例，每个人的音乐品味各不相同，有人喜欢乡村音乐，有人喜欢摇滚乐，还有人喜欢歌剧，因此每次开车长途旅行时，我们都会对车里该放什么音乐而争论不休。

其实，一个人喜欢哪种类型的音乐早在胎儿时期就已经定型了。曾经有这样一项实验，研究人员让孕妇给肚子里的胎儿听某种固定类型的音乐，在孩子出生后到一岁的这段时间不再播放这种音乐。等孩子长到一岁以后再播放不同类型的音乐，观察他们喜欢哪一种。研究人员发现，孩子更喜欢他们在妈妈肚子里时听到的音乐类型。

通常，人类在醒着时会花大量时间听音乐。有一种理论认为，一个人最喜欢的音乐类型是他反复听到的那一种。这可以用我们在前文提到的曝光效应来解释。不过，过于频繁的反复接触反而会带来厌烦感。**快乐的一种规律是，它从发生到发展、再到消失可以用"∩"形图来表示。**第一次接触某种事物时，你会觉得它很难掌控、没有快乐可言，随着接触的次数增多，你会慢慢地体会到其中的乐趣，而当接触变得十分频繁时，厌烦感就会随之产生了。举例来说，在刚吃某种从未吃过的食物时，你会小心翼翼，随着吃到这种食物的次数增加，你也能慢慢地体会到它的美味。但你不会日复一日地只吃这种食物，否则肯定会很倒胃口。

音乐也是如此。音乐快乐"∩"形图的峰值可以持续一段时间，那是人们最能体会到快乐的时间段，而随着听到这种音乐的次数不断增多，快乐的程度会下滑。而如果继续反复听，人就会感到厌烦。音乐的复杂性决定了快乐"∩"形图的具体形状，也决定了峰值的持续时间。通常来说，一首曲子越复杂，需要听众反复聆听的时间就越长，它的快乐"∩"形图的周期也相对较长，而儿歌这种简单曲子的周期非常短。

另一个因素也左右着人们的音乐品味，即人们第一次听到时的年龄，它会影响人们是否喜欢某首歌或某种音乐类型。

知名神经学家罗伯特·萨波尔斯基（Robert Sapolsky）进行过一次有趣的调查。他联系美国各大音乐广播电台，问他们哪些歌曲的播放量最高，这些歌曲第一次播放是在什么时候，以及当时听众的平均年龄是多少。

萨波尔斯基发现，绝大多数听众在20岁左右甚至更小的时候就接触到了他们最喜欢的音乐类型，之后会反复听这一类型的音乐。**如果一个人在25岁以后听到某种新的音乐形式，那么他热爱这种新音乐形式的概率会很低。**

为什么会这样呢？我们可以从神经病理学的角度来进行解释。年轻时，人类的大脑灵活而松弛，而随着年龄增长，它会慢慢地变得"固执"。

萨波尔斯基认为，这并不意味着人们会在某个时期失去接受新感官体验的能力，而是意味人们对音乐的品味在不同时期会有所不同。

我们从列维汀的观点中也能得到一些启发。根据列维汀的观点，音乐是社会化的，一个人一旦固定了自己的音乐品味，就意味着他已经在社会中找到了自身的定位，并决定了自己要扮演的社会角色，他成了某个固定社会族群的一分子。近现代社会的青少年在十几岁或20出头，就已经通过寻找自己的音乐偏好逐渐融入某个社会族群，扮演着他们希望自己扮演的社会角色。

当然，这个观点也可以用来解释为什么青少年喜欢最新的音乐，因为他们希望自己能与时代接轨、能与同龄人混在一起。就像经济学家考恩说的："音乐会过时的原因很简单，因为对青少年来说，这些过时的音乐是他们的父母喜欢的音乐，不属于他们的时代。"

实物的逼真写照
能像实物本身一样带给人快乐

和音乐带来的快乐一样，很多视觉快乐也是表面的，如图像的颜色与构图往往只是以某种方式吸引人的眼球而已。很多父母喜欢给孩子的房间装饰上规则的图案或涂上鲜艳的色彩，他们这样做并不是在浪费时间，而是因为孩子喜欢它们带来的视觉冲击，这与所谓的本质主义无关，孩子仅仅是被表象所吸引而已。

研究这一现象的领域被称为实验美学。在实验中，心理学家用计算机给被试展示各种不同的黑白多边形，通过不断改变各种参数将多边形调整出不同的形状，然后让被试挑选出他们最喜欢的形状。结果显示，人们最喜欢的形状是最容易被大脑加工、也最容易被记住的形状。这一结果有力地支撑了前文提到的快乐"∩"形图理论。

不过，这项实验有一个缺点，那就是呈现给被试的几何图形未必都是他们喜爱的图形，因此，被试挑选的结果不过是"矬子里面拔将军"罢了。这并不是在贬低这项实验，如果放在其他情况下，这项实验是很有意思的，能说明人们对几何图形的偏爱及其原因。不过，让被试盯着计算机屏幕上的黑白几何图形并没有多少快乐可言。

那么，人们都喜爱什么样的视觉图像呢？最新研究表明，人们最喜爱的图像是真实的静态图像，如鲜花、食物、优美的风景以及自己所爱的人或崇拜的人等。

很多人的家里或办公室里都有类似的人造图像，如计算机桌面图很可能是森林或沙滩，桌子上很可能摆放着爱人与家人的照片。然而，还有很多艺术形式并不是这样的，后文将会讨论这一点。

不过，生活中的很多图像都在模拟实物，一个典型的例子就是露骨的图片。基于人类的动物性，人们总是喜欢看帅哥美女的裸体，但在现实生活中，这并不容易做到。因此，人们就用某些图片来替代真实的裸体，而且从中感受到的快乐和看真实裸体的快乐一模一样。其实，人们看到的并不是作为艺术形式的图片，而是通过图片上的内容联想到了真实世界中的裸体。

喜欢看略带刺激性的图片并不是人类的专利，有实验表明，动物也热衷于此。在一项实验中，研究人员让雄性恒河猴在美味的果汁与看图片之间选择，结果发现，它们更愿意看两种图片，一种是雌性恒河猴臀部的图片，另一种是地位较高的雄性恒河猴的脸部图片。可见，好色与偶像崇拜不仅仅是人类独有的，猴子亦然。

有种观点认为，懂得欣赏逼真的图片需要后天的学习与训练，甚至有传言说原始部落中的人无法对某些图片做出反应，因为他们没有见过相应的实物。

科学实验室 HOW PLEASURE WORKS

有一项心理学实验颠覆了这个观点。两位心理学家找来一个婴儿（尽管他们没有在论文里说明，但实际上这个婴儿是他们自己的孩子），亲自抚养他到19个月。在这个过程中，他们没有给婴儿看过任何图片。然后，他们给婴儿看日常物品的简笔画图片，并让他指出图片上的物品是什么。结果，婴儿不费吹灰之力就说出了图片上物品的名称。

另一项研究表明，婴儿能将实物与图片联系起来。在实验中，研究人员先让一个5个月大的婴儿玩一个洋娃娃，然后将洋娃娃拿走，给他看两幅图片。第一幅图片上是被拿走的洋娃娃，第二幅图片上是一个截然不同的洋娃娃。婴儿仔细地对着第二幅图片看了一会儿，接着"挑出"了第一幅图片。

孩子对图片非常着迷，他们在很多时候会将图片视为实物本身。例如，有的孩子试图去穿一双画在图片上的鞋，有的孩子会伸手去抓图片中的东西。孩子的确能分辨图片与实物的不同，但很多时候，对于太过逼真的图片，他们往往很难做出正确的判断。

成年人也是如此。有时候，成年人会不由自主地将逼真的图片与模型当作实物。

科学实验室 HOW PLEASURE WORKS

心理学家罗津及其同事做的一系列实验就能说明这一点。在实验中，他们让被试咬橡胶做的呕吐物模型与吃狗大便形状的软糖。对大部分人来说，这都是很难的事，因为人们会一直想：一个是呕吐物，另一个是狗大便。

我和我的同事也做了一系列类似的实验。如在一项实验中，我们拍了被试的婚戒等珍贵私人物品的照片，然后让被试撕掉照片。被试的确照做了，但皮肤电传导数据显示，他们在撕照片时处于轻度焦虑状态，就像他们撕掉的是物品本身一样。而在另一项实验中，我们让被试朝婴儿的图片扔飞镖，结果，他们的命中率都非常低。

艺术是一种自我表现

下面列出的条件能让一幅画变得值钱：

一、很容易吸引人，画风非常悦目。

二、画的内容非常吸引人，如画的是鲜花或美人。

三、很常见。

根据曝光效应，在某种程度上，越是常见的内容越能给人带来快乐。但曝光效应真的适用于美术领域吗？心理学家詹姆斯·卡廷（James Cutting）一直想弄明白，为什么法国印象派画家会置曝光效应于不顾，专门画不被大众理解的画。他通过一项实验发现，成年人偏爱20世纪频繁印刷出版的画，而不喜欢抽象派的画。

这可能和画常见与否、能否轻易被人理解无关。也许还有另一种解释：从质量上来说，频繁印刷出版的画要优于冷门的画，成年人会偏爱频繁印刷出版的画，也许并不是因为他们经常看到这些画，而是因为这些画比其他的画质量更好。

科学实验室 HOW PLEASURE WORKS

卡廷又做了第二项实验，他在视知觉课上用幻灯片给学生展示了抽象派的画，并把它们与其他画放在一起，每隔几秒播放一张，在播放过程中不加任何讲解。快下课的时候，他问学生最喜欢哪一幅画，结果学生们纷纷表示喜欢抽象派的画，而不是那些家喻户晓的画。曝光效应发挥了作用：随着抽象派的画在课堂上一次次出现，学生对它们的好感也开始慢慢增加。也就是说，假如你经常看到某幅画，你就会更喜欢它。

四、能引发积极的回忆。

照片往往能起到这个作用，它会让人回忆起愉快的旧时光，如结婚典礼、毕业典礼或取得重大突破的时刻。

五、能与挂画的场所相辅相成。

毕竟，一幅画的形状和大小在很大程度上会影响它的价格。

六、能彰显买画人的身份，让看到画的人印象深刻。

第 4 章　衣带渐宽终不悔：为什么我们会对艺术表现力孜孜以求

在家中挂一幅现代主义的画能表明主人对艺术十分精通；挂一幅略带挑衅意味的画能显示主人在信仰或情爱方面有着缜密的思维；挂一幅名家的真迹能轻易地体现出主人的富有却又不张扬，这自然能给买画人带来无限的快乐。

七、被名人收藏过。

就像上一章讨论的那样，被名人或伟人接触过的东西会身价百倍，画也是如此。

除了以上这些条件，还有至关重要的一点，即画到底是如何画出来的。我们能从画的创作过程中解读出画的本质，并从中获得快乐。

哲学家丹尼斯·达顿（Denis Dutton）在他的《艺术本能》（*The Art Instinct*）一书中提到了这一点。他将艺术创作过程视为"达尔文式的择偶测试"。在达尔文提出雌雄淘汰理论后，进化心理学家杰弗里·米勒将之进一步拓展与延伸，达顿则试图利用雌雄淘汰理论来解释艺术的起源。根据这一理论，艺术就像雄性孔雀漂亮的尾羽，它已经逐步进化为一种择偶信号。

杰弗里·米勒用凉亭鸟作为研究人类艺术形式的类比物。这种鸟生长于新几内亚与澳大利亚，雄鸟是天生的艺术家，它们四处寻找色彩鲜艳的物体，如浆果、贝壳以及鲜花等，然后将这些物体带回，排列成对称的复杂图案。雌鸟则是眼光不俗又很挑剔的评论家，它们对这些图案一一审视，然后挑选最有创造力的雄鸟。一只成功的雄鸟能和 10 只雌鸟交配，拼凑图案失败的雄鸟则只能保持单身。交配后，雌鸟独自飞去产卵孵蛋，雄鸟就再也见不到这只雌鸟了。一只成功的雄鸟无异于是鸟界的毕加索。

凉亭鸟的雌雄淘汰过程和艺术创作有很大关系。雌鸟对雄鸟拼出的图案很敏感，它们希望通过观察雄鸟创作的图案来寻找某些特质，如智慧、有技巧以及有纪律等，它们希望自己的后代都能拥有这些特质。杰弗里·米勒和达顿认为，人类的艺术创作欲望与此类似。优秀的艺术作品是很难完成的，好的艺术家一定是勤学好问的人，也是善于制订计划的人，他们通常很机智且富有创造力，能克服生活中的燃眉之急（如寻找食物或住所等），以便从事艺术创作。女性跟雌性凉亭鸟一样，在看到某位男性艺术家展现出以上这些特质后，她会倾心于他。印象派巨匠皮埃尔－奥古斯特·雷诺阿（Pierre-Auguste Renoir）曾说过："我是在用我的性欲作画。"

达尔文在探讨音乐时也表达过与此类似的观点，他认为，音乐的起源部分是"为了吸引异性的注意"。擅长唱歌、跳舞的人总是让人印象深刻，随着音乐长时间翩翩起舞能传达出很多信息，如这个人很聪明、有创造力、耐力很好以及肢体非常协调，这些特质都是择偶时的有力"武器"。在现代社会中，不用做任何实证研究就能得出这样一个结论：技艺高超、功成名就的音乐家根本不愁找不到伴侣。具有音乐才华很吸引人，用雌雄淘汰理论来解释音乐的起源也许未尝不可。

然而，如果真如杰弗里·米勒和达顿所说"艺术是一种择偶表现"，这就意味着，艺术创作以及人类从艺术创作中获得的快乐，在某种程度上都被雌雄淘汰理论左右着。那么问题来了：为什么人们喜欢艺术呢？

众所周知，雄性孔雀拥有艳丽的尾羽，而雌性孔雀没有，是雄性凉亭鸟创作出了复杂的图案，而不是雌性凉亭鸟。这也是雌雄淘汰理论的题中之义。与雄性相比，雌性的性成本更高，因为对大多数动物来说，雌性负责孕育与抚养后代，而雄性则只贡献了精子与少量的交配时间，因此，雌雄淘汰总是单向的：雄性想方设法引起雌性的注意，雌性则从求偶者中挑选出满意的雄性。

但对人类来说，情况并不是如此。杰弗里·米勒认为，男性比女性有更多的艺术创作动机，女性更适合评价艺术品。这种观点在某种程度上也许成立，但在一个人人都有均等机会参与艺术创作的社会中，女诗人、女作家、女画家以及女歌手也层出不穷。

毕竟，人类不是孔雀，人类遵守着相对的一夫一妻制。对人类来说，雌雄淘汰是双向的，无论男女都要尽力表现自己，也都要对异性表现出来的特质进行评价。而人们喜欢艺术通常和择偶无关。例如，一位男性喜欢毕加索的画，并不意味着他和毕加索有同样的喜好或喜欢毕加索这个人；还未进入青春期的孩子对艺术的热爱往往会异常强烈；过了生育年龄的老人，包括绝经多年的女性，也会从艺术创作与艺术鉴赏中获得快乐。

雌雄淘汰理论可以解释为什么艺术家很迷人，但无法解释为什么艺术品也很迷人。例如，这一理论可以解释为什么毕加索在择偶时一帆风顺，因为他的画展现了女性梦寐以求的特质，但无法解释为什么毕加索去世这么多年之后，人们仍然如此喜欢他的画。

接下来，我将从两个方面对达顿的理论进行修正。

第一，我们会对一个人在艺术创作中展现出来的才智、纪律性、力量以及速度等感兴趣，因为我们通过这些特质能更好地了解这个人。

难道这不正是杰弗里·米勒和达顿试图说明的吗？部分是，部分不是。男性当然会通过自我表现来吸引女性的注意，女性则会对男性的自我表现进行评估，以挑选出携带最优基因的那一个。但这并不全面，因为自我表现并不完全是为了繁衍，人们还会通过评估某个人的自我表现而将其视为朋友、同盟或领袖等。很严酷的一点是，人们也会常常对自己的孩子进行评估，看看哪个孩子更具有生存下去、繁衍后代的特质。

在小说《苏菲的选择》（*Sophie's Choice*）中，主人公就面临着这样的选择。她要在自己的小女儿伊娃和金发碧眼的儿子吉安之间做选择：把谁留下，把谁送去毒气室。最终，她选择留下儿子吉安，因为她认为在奥斯威辛集中营，吉安比伊娃更容易活下来。

即使在物资充裕的当今社会中，类似这样的选择也时有发生，只不过形式比以往要温和罢了。父母通常肩负着为孩子分配资源的重任，但他们并不是每一次都能做到平均分配，因此对孩子来说，通过表现自己的能力来吸引父母更多的关注是一件头等大事。

第4章　衣带渐宽终不悔：为什么我们会对艺术表现力孜孜以求

需要强调的是，表现与评价只能说明艺术是如何演变的以及人们为什么会创作艺术、喜欢艺术，但无法说明艺术创作的心理动机，无论这种动机是有意识的还是无意识的。就像当一个小女孩很自豪地给父亲看她画的画时，她不会认为"我的画会给父亲留下深刻的印象，因此父亲会给我比弟弟多得多的食物"；当你对一幅画赞叹不已时，你绝对不会想"这幅画展现出的精湛技巧显示出画家是一个才华横溢的人，我想跟他谈恋爱或做朋友"。进化功用与心理动机无关。威廉·詹姆斯在很早以前就通过食物的例子说明了这一点。他认为，在10亿人中也找不到一个人会在吃饭时想到吃饭的功用，他说："一个人会吃某样东西是因为它很可口，他想要多吃点儿。如果你问他为什么想要多吃点儿，那么他不会因为你问这个问题尊称你为哲学家，而是会笑你是傻瓜。"

第二，人们懂得欣赏大师的作品，从中获得快乐。

这促使人们去寻找能让人眼前一亮的作品，也会激发人们自己进行创作，甚至会让人们喜欢艺术家本人，因为艺术家创作的作品能给人们带来极大的快乐，而人们总会喜欢给自己带来快乐的人。

如果说美术作品与其他静态艺术形式是艺术家的自我表现，那么人们对这些艺术品创作过程的看法就会影响人们对艺术品的评价。很多学者曾反复强调艺术品历史的重要性，达顿也强调过这一点：

> 和表演一样，艺术创作展示了艺术家独特的处理问题、克服困难以及巧用素材的方式。艺术品最终的作用是引人深

思，这种思考也许仅仅与艺术品本身有关，而与其他艺术品以及艺术家本人无关。不过，我们不应该忽视这样一个事实：艺术品可以用来回溯人类的起源。

在达顿看来，所有的艺术都是自我表现。

包括艺术在内的某些自我表现，为人们提供了关于他人十分有价值的信息，人们可以从中获得快乐。 我们也可以将此视为本质主义的另一个示例，正是由于有隐性的内在本质，艺术品才能成为艺术品。对一块肉而言，它的本质是物质的；而对艺术品来说，它的本质就是艺术家在创作艺术品过程中的自我表现。

人们真的会认为艺术品有根植于其历史的内在本质吗？对此，即使是孩子应该也会持肯定态度。

很多年前，我开始对艺术领域的心理学问题感兴趣，当时我的儿子才2岁。他在卡片上涂涂画画之后，很骄傲地告诉我那是他画的"飞机"。作为一名发展心理学家，我听到他说的话之后惊呆了，因为心理学界有一个共识，那就是孩子对物体的命名与物体的外观有关，也就是说，对一个孩子而言，"飞机"这个词应该指向某个看起来像飞机的东西。但我的儿子当时画的画却一点儿都不像飞机，只不过是一个彩色的色块而已。而且，其他孩子也有类似的表现。

后来的研究表明，孩子在自己创作图像后会根据自己的意愿对其进行命名，而且很多时候，还会出现他们的命名与图像风马牛不相及的情况。

在我的研究生的帮助下，我发现孩子为图像命名并不是基于它们看起来像什么，而是基于图像的历史。我的儿子之所以称那个色块为"飞机"，并不是因为它像飞机，而是他希望它是飞机。一系列实验表明，3岁的孩子就能根据自己的意愿为所画的图像命名。而且，孩子在看他人作画时，也能根据创作者的意图为图像命名。例如，如果一个3岁的孩子看到某个人盯着一把叉子画了一团涂鸦，那么他会给这团涂鸦命名为"叉子"；而如果那个人盯着一把勺子画了一团与刚才的类似的涂鸦，那么这个孩子会给这团涂鸦命名为"勺子"。后来的实验发现，即使是2岁大的幼儿，他们在给物体命名时也会考虑画图时的情况。

人们对原作的历史着迷，才会对原作情有独钟

20世纪，哲学家曾对新兴的复制技术争论不休，他们认为这种新技术很快会打破人们偏爱原作的迷思。瓦尔特·本雅明（Walter Benjamin）认为："复制技术的兴起与发展将极大地解放艺术品，从此以后，艺术领域不会再纠结于原作这个问题了。这在人类历史发展过程中还是第一次。"再进一步说，其实博物馆也没有存在的必要了。比尔·盖茨位于西雅图的豪宅中有一面巨幅播放屏，上面不断

展现出各种名画的照片。试想一下，如果每个家庭都能有这么一面播放屏，可以显示任何一幅人们喜欢的世界名画，那还要博物馆干什么？

当然，严格来说，原作只有一个，具有唯一性，因此人们会想方设法地一睹原作的真面目，甚至会花大价钱买原作。而且，原作是由艺术家亲自创作的，正如前文讨论过的那样，它给人带来的快乐是复制品做不到的。最重要的是，原作有其独特的历史，艺术家创作它的过程要比廉价易实现的复制过程珍贵得多，也更令人向往。**人们正是由于对原作的历史着迷，才会对原作情有独钟。**

接下来要谈的是艺术领域中存在分歧的现象。杰克逊·波洛克（Jackson Pollock）是一位伟大的抽象派画家，但很多人对他的画评价并不高，因为他的画乍一看并没有表现出特别明显的技巧。很多人会觉得波洛克的画很容易画，他们会说"我家孩子也能画"。艺术教育工作者菲利普·叶那瓦恩（Philip Yenawine）对这种评价很反感，他在介绍波洛克的名作《第31号》（*One: Number 31*）时特意强调了这幅画作巨大，宽5米多、高约2.7米。他认为，在这样一块巨型画布上作画足以显示波洛克天才的技巧与想象力，这幅画看上去也许很容易画，但真正试着画一笔，就知道难度了。

对波洛克作品的否定其实也是对其创作过程的否定。如果叶那瓦恩能说服批评者关注创作过程中的困难，那么批评者可能会对波洛克的画有全新的认识。但如果有一天，叶那瓦恩发现任何一个6岁的孩子都能在10分钟内在巨幅画布上画出一样的《第31号》，那么他以

第 4 章　衣带渐宽终不悔：为什么我们会对艺术表现力孜孜以求

后肯定再也不会推崇波洛克的作品了。

人们在评估艺术品时到底是以什么为依据的呢？艺术家在创作过程中付出的努力肯定是依据之一。心理学家曾设计过一项非常直观的实验来证明这一观点。

科学实验室 HOW PLEASURE WORKS　　心理学家给被试看诗歌、画，甚至是一组盔甲，然后告诉被试创作这些艺术品所用的时间。例如，他们给被试看一幅黛博拉·克莱文（Deborah Kleven）的抽象画，然后告诉一组被试这幅画花了 4 小时就画完了，而告诉另一组被试花了 26 小时。结果正如他们预期的那样，后一组被试对这幅画的质量、价值以及受欢迎程度的评价明显高于前一组。

此外，画的尺寸也会影响画的价位。对同一位艺术家来说，画的尺寸越大越值钱。原因大概是人们凭直觉会认为画的尺寸越大，越需要创作者付出辛勤的劳作，而创作者付出的努力越多，看画或买画的人能从画中得到的快乐就越多，画自然越值钱。

还有一点，创作者在创作过程中付出的努力也影响着创作者的自我评价。例如，20 世纪 50 年代，蛋糕粉在刚推出时卖得并不好，后来，制造商改变了蛋糕粉的"配方"：去掉了其中的鸡蛋，要求家庭主妇在制作蛋糕时自己加鸡蛋。结果，蛋糕粉卖得好多了，因为加鸡蛋这件小事能体现出制作蛋糕的人的努力，尽管用心理学家迈克尔·诺顿（Michael Norton）等人的话来说，这种努力完全是一种"宜家效应"。

137

宜家是一个很受欢迎的瑞典品牌。在宜家的店里，顾客需要自己挑选不同的家具，组成一套，这能给人带来成就感。

后来，诺顿等人通过实验证明了这种效应，即与别人制作好的成品相比，人们对自己制作出来的物品评价更高，即使这个物品非常简单粗糙。

不过话说回来，创作者在创作过程中付出的努力仅仅是人们评估艺术品的一个因素而已，而且并不是最重要的因素。与米格伦伪造的维米尔画相比，人们对维米尔的真迹显然更青睐，因为人们在评估时考虑的并不是维米尔的创作过程耗时多久、工作量多大，而考虑的是作品反映出的创造力与智慧，这才是评估的重要标准。

玛勒·奥姆斯泰德（Marla Olmstead）的故事最能说明这一点。奥姆斯泰德曾以画抽象画闻名全美，她的画经常会卖到几万美元一幅。她的画卖得这么好，在很大程度上是因为她是个小女孩，她在4岁就开了个人画展，被人称为"小波洛克"。从心理学角度来看，她的画与其他抽象派画家的作品没有本质的区别，但由于奥姆斯泰德年纪很小，而且根本没有受过专业的绘画训练，也没有接触过艺术圈，因此她的画闪现出一种天才式的无师自通，正是这一点让她蜚声全美。

后来，有家电视台为奥姆斯泰德制作了一个专题节目。通过这个节目，人们了解到，其实是她的父亲在指导她如何作画。这大大改变了人们对奥姆斯泰德的评价，从此，她的画大掉价。

第 4 章 衣带渐宽终不悔：为什么我们会对艺术表现力孜孜以求

对艺术品的评价，取决于人们看待它的方式

前面讨论的观点能让人分清艺术与非艺术的界限吗？恐怕不能。因为艺术与非艺术之间并没有一条清晰的界限。就像达顿说的，艺术通常具有多方面的特质，当我们只看到其中的某些特质时，不能就此武断地下结论。而且，艺术又是一个非常奇特的自我意识盛行的领域，一旦某个标准盛行，很多艺术家就会站出来反对。

最典型的例子之一就是马塞尔·杜尚（Marcel Duchamp），他曾把小便池当作品送去参赛，取名为《泉》（Fountain）[1]。杜尚这么做是为了嘲讽当时主流艺术理论认为"艺术都应该是美丽的"这一观点。

如果说艺术是一种自我表现，那么它需要符合两个条件：艺术创作是有意而为之的；需要有观众。

先来讨论第一个条件。留在沙滩上的脚印、被揉碎了扔在废纸篓里的废纸以及没有整理的床铺，这些都不是通常意义上的艺术品。但如果它们是"有意而为之"的话，就可以成为艺术，一些博物馆里就

---

[1] 1917年，杜尚将一个从商店买来的男用小便池起名为《泉》，匿名送到"美国独立艺术家协会展览"现场，并要求将其作为艺术品展出，这成为当代艺术史上的一个里程碑式事件。——译者注

收藏着类似的艺术品。例如，特蕾西·埃明（Tracey Emin）的作品《我的床》（My Bed）就是她自己未经整理的床铺，上面铺满了各种物品，这个作品被泰德美术馆收藏了。这引出了一个有趣的观点，即一个人可以创造两个完全相同的作品，一个是艺术品，另一个则不是，决定因素就在于创造者在创造它时的心理状态。

科学实验室 为了研究这种现象，我与心理学家格尔曼共同做了一项实验。我们让一群3岁的孩子看不同的物品，并告诉他们这些物品背后发生的一些故事。例如，我们给他们看一张画，上面是一大块涂鸦，然后告诉一组孩子，说这是某个孩子不小心涂上去的，而告诉另一组孩子，说这是某个孩子精心画出来的。正如我们预料的那样，孩子们的反应很不一样：前一组孩子会说它是一幅"涂鸦"；而后一组孩子会说它是一幅"画"。

这带来了另一个问题：动物是否也会进行艺术创作？例如，大象或猩猩画的图案能不能算"画"，而不是涂鸦？我认为，尽管动物作画很有趣，但它们画出来的图案不算艺术，因为它们根本不知道自己在从事艺术创作。比如，我把一只仓鼠的脚染上颜色，然后让它在一块画布上跑一圈，画布看起来也许像是一幅不错的画，但事实上它并不算艺术品。大象与猩猩作画也是一样的道理。在动物进行所谓的"创作"时，它们既不会事先构思，也不会在"创作"完之后欣赏，它们需要人类的帮助，如递给它们各种作画工具，告诉它们何时"停笔"。如果没人打断它们，它们会一直画下去，最终可能会"画"出一团连颜色都分不清楚的色块。动物"作画"跟孩子作画有本质的不

第 4 章　衣带渐宽终不悔：为什么我们会对艺术表现力孜孜以求

同。孩子作画时带着创作目的，他们自己会停笔，画完后会欣赏自己的作品，也会拿给其他人看，并希望得到他人的肯定。

接下来讨论第二个条件，即艺术要想成为一种自我表现，需要有观众。这就是艺术与跑步、冲咖啡、梳头发以及看电子邮件等其他有意识活动的区别所在，也是杜尚的《泉》与真的小便池、安迪·沃霍尔（Andy Warhol）的《布利洛肥皂盒》（Brills Box）[1]与真的肥皂盒的区别所在，同样也是约翰·凯奇（John Cage）的《4分33秒》（4'33"）[2]与任意个人因为惊恐发作而待在钢琴前4分33秒不弹任何音符造成的静默的区别所在。

当然，也有一些与此相反的例子。创造者在创作某些作品的过程中，并未将其作为一种自我表现，如罗丹的手稿，但这些作品毫无疑问都是艺术品。有些作品是创造者面向大众创造的，但不能被称为艺术品。比如本书，我是特意为读者创作的，但从一般意义上讲，它并不是艺术品。

我们探讨了艺术成为自我表现的两个条件，这有助于我们更好地理解艺术本身。人们经常凭直觉来判定某种艺术是不是艺术家的自我

---

[1] 1962年，沃霍尔将布利洛牌肥皂的盒子送到美术馆参展，从此一夜成名。——译者注

[2] 1952年，凯奇创作了他最为石破天惊的音乐作品《4分33秒》，该作品共3个乐章，总长度4分33秒。乐谱上没有任何音符，唯一标明的要求就是"Tacet"(沉默)。该作品的含义是请观众认真聆听静默，也体现了凯奇的观点：对音乐而言，重要的不是演奏，而是聆听。——译者注

表现，这种直觉判定不仅有助于人们更好地理解某些超越其时代背景的前卫艺术，还有助人们理解自己在看到当代艺术时表现的种种反应。

再来举个"当代艺术"的例子。

艺术家皮耶罗·曼佐尼（Piero Manzoni）将自己的粪便装进90个罐头盒里，然后当作艺术品展出。这些"罐头"卖得非常好，2002年，泰德美术馆花了6万多美元才买到其中一个。不得不说，曼佐尼的这种想法非常有意思，很有本质主义的意味，可以和前文提到的名人效应联系在一起，即人们相信自己会从特定物品中获得快乐，因为人们坚信这些物品保存了创造者或使用者的某些特质。对此，曼佐尼是这样解释的："如果收藏者想要收藏与艺术家有过真正亲密接触的东西或艺术家真正私人的物品，那么没什么比艺术家的粪便更合适的了。"这件事还有个喜剧结尾：由于曼佐尼没有经过妥善的热压处理，因此，被博物馆与私人收藏者争抢的"罐头"最后都炸开了。

人们对这些太过前卫的"当代艺术"反应不一。大部分人认为这太骇人听闻、太荒诞可笑了，有些人则觉得这很酷，他们能从中获得很大的乐趣。抛开赞成或批判不谈，在我看来，即使是最严苛的批评家，也无法否认这些人都极具创意，其他人能从他们的"创作"中明白他们想要表达某种观点。

在很大程度上，人们对艺术品的评价取决于人们看待艺术品的方式。如果你觉得某件艺术品反映出创作者才华平平，你会觉得这件艺

第 4 章　衣带渐宽终不悔：为什么我们会对艺术表现力孜孜以求

术品很失败，除了冷嘲热讽，你无法从中获得任何快乐。一般人在看待伦勃朗的画与曼佐尼的"罐头"时都会持两种截然不同的态度，但一场在泰德美术馆官网上的讨论最后得出的结论是，要把粪便装进罐头里是一件出乎人意料的难事。因此，只有当你赞赏创作者隐藏在作品中的想法与观点时，你才会赞赏它。

这就解释了为什么一般人对现代艺术与后现代艺术很反感，因为现代艺术与后现代艺术都不注重所谓的技巧。评论家路易斯·梅南德（Louis Menand）认为，现代艺术关心的不再是"什么是艺术"，而是"如何表现艺术"。传统艺术都是对现实世界的写照，现代艺术则更注重艺术创作过程。因此，要鉴赏现代艺术，就需要一定的专业知识。大多数人都能看出伦勃朗画作的伟大，但只有少数有专业眼光的精英才能看懂现代艺术，也只有这些人才能从中获得快乐。

有一次，曼佐尼把一件陈列物品用的基座颠倒过来放在地上，然后宣称：现在整个地球就是一件陈列在这个基座上的艺术品。我在听到这件事时觉得它非常有趣，在我看来，这不过就像一个 10 岁的小屁孩会开的玩笑罢了。然而，对精通现代艺术的人来说，这是一种向伽利略致敬的天才行为。

法国喜剧《艺术》（Art）讲述的就是外行人与专家之间的这种紧张关系。

剧中的主角之一塞尔吉花大价钱买了一幅几乎是白板的油画，然后他拿给朋友马克看，马克很不解地问他："你花了 2 万法郎就买了这么一张白板？"后来，塞尔吉和另一个朋友抱怨道："我也不怪马克看不懂这幅画，毕竟他没有受过专门的艺术训练，要看懂这幅画，他还得好好修炼修炼……"马克后来说，塞吉尔企图在这幅什么都没有的画中寻找根本不存在的所谓"艺术"。

其实，所谓的专家也会犯错误。戴维·亨塞尔（David Hensel）的雕塑参展的故事就是很有意思的一个例子。

有一次，亨塞尔拿自己的一件雕塑作品去参加英国皇家艺术学院的当代艺术展览。他的作品塑造的是一个大笑着的脑袋，名为《离天堂近一点儿》（One Day Closer to Paradise）。亨塞尔把雕塑作品与支撑雕塑的底座都打包寄去了，结果，展览的评审们认为雕塑作品与底座是两件独立的参赛作品，就把雕塑作品退了回去，将底座留下来参展。可见，所谓"专家"的眼光也不是次次都准的。

体育运动和艺术都是
人类本质主义观的外在表现

前文探讨了音乐、绘画以及更广义的艺术品，深入分析了艺术带给人的快乐来自何处。此外，我们重点讨论了艺术是一种自我表现以及艺术带来的快乐部分源于人们对艺术创作过程的看法。

第 4 章 衣带渐宽终不悔：为什么我们会对艺术表现力孜孜以求

值得一提的是，这种快乐并不仅仅局限于艺术。古希腊人曾经将运动与艺术归到一个门类中，如今，这种分类法已经不存在了。在现代社会，很少有人像研究艺术一样去研究体育运动：有研究巴洛克风格音乐的专家，也有研究波普艺术的专家，而几乎没有研究撑竿跳的专家。这很可能是一种损失。

诚然，艺术与体育运动有很多不同。艺术是非功利性的，且没有多大的实用性。而体育运动是具有现实基础的，人们能从反复练习运动技能（如跑步与格斗）的过程中获得的快乐，且即使体育运动不是为了自我表现，人们也愿意参加。也就是说，艺术通常需要观众，而体育运动可以不需要观众。例如，如果你和朋友一起打篮球，即使没有人围观，你们仍然会乐此不疲。

当然，艺术与体育运动之间也有很多相似之处。

首先，它们都展示了人类作为本质主义者的特征，人们对它们的评价都会受到时空的影响。例如，即使我在小便池上签名并寄去参展，也不会有任何水花，因为杜尚在 1917 年就做过了。有位艺术鉴赏家这样写道："要创造出全新的东西是一项非常大的挑战。爱因斯坦是第一个写出 $E=mc^2$ 的人，在他之后，就算有人装扮成爱因斯坦的样子在黑板上写下这个公式，他也成不了爱因斯坦。"

对体育运动来说，优先顺序也非常重要。部分原因在于，顺序在先的体育运动的原创性往往更大，这一点和艺术领域一样，但在体育运动领域，还有其他原因。1954 年，罗杰·班尼斯特（Roger

Bannister）以 3 分 59 秒 4 的成绩打破了 1 500 米的世界纪录，他这种破纪录的行为既不是一项原创行为，也没有突破人类想象力的极限，它到底独特在哪里呢？在回答这个问题之前，我们先来回顾一下达顿的观点，即艺术创作展示了艺术家独特的处理问题、克服困难以及巧用素材的方式，而这会影响人们对艺术的评价，这在体育领域同样适用。

班尼斯特并不是职业运动员，也没有教练，他所做的日常训练无非是跟朋友在午餐后跑跑步罢了。而任何一个试图打破纪录的运动员通常都有自己的医生、教练、营养师和按摩师，且必须全心投入，绝不可能只把训练当作副业。所以，人们崇拜班尼斯特，不仅是因为他打破了纪录，还因为他创造的新纪录得来不易。

另外，艺术和体育运动都存在作弊的可能。作弊其实是一种扭曲的自我表现。在艺术领域，最典型的作弊方式就是造假。例如，一开始我们会为唱片中的某位演奏家高超的技巧折服，后来却发现，一切不过是录音师创造出来的假象。再如，一开始我们会为精彩的演唱会欢呼，后来却发现，原来歌手从头到尾都在假唱。在体育运动领域中，造假也屡见不鲜。例如，在 1980 年，罗西·鲁伊斯（Rosie Ruiz）在纽约马拉松赛上以少于 2 小时 32 分的成绩夺冠，事后人们却发现，她在比赛过程中坐了地铁。再如，有些拳手会偷偷地在手套里加入熟石膏，以增加自己的打击力度。

为了人为地提高成绩，体育运动领域还存在着道德败坏的作弊行为，如服用类固醇或其他药物。作家马尔科姆·格拉德威尔（Malcolm

Gladwell）认为，类固醇亵渎了比赛的公平性。运动员一旦服用了类固醇，就没有资格参加比赛。和维生素、训练器材或昂贵泳衣等相比，类固醇有何不同之处？它为何会成为违禁品呢？我的一个研究生就此做了一项调查，他向美国各地的人询问服用类固醇是否道德，结果，接受调查的人普遍认为这种行为非常不道德，但他们却说不出所以然来。有些人认为，服用类固醇可能不利于健康，但当被问及，如果有些类固醇对身体绝对无害，那么服用这类类固醇是否道德时，他们仍然坚称服用类固醇是不道德的。在他们看来，服用类固醇就应该被视为作弊。

此外，正如格拉德威尔所说的那样，为了提高成绩，有些人可能会让比赛中的一方获得不公平的优势地位。不过话说回来，这种人为的不公平优势通常比不过先天优势，如有些人天生体格强壮，天生具有优势，这该怎么解释呢？其实，人们也意识到了这种先天的不公平，但由于人类对天赋的偏好，在评价时总倾向于肯定先天的，而否认人为的。这种偏好能帮助人们更好地理解人类的动物性，而这种动物性通常很难克服。

丑陋的艺术也能带给人快乐

艺术与体育运动都是很有价值的自我表现方式，在现实社会中，它们各自都分别有各种各样的"支撑物"：艺术的支撑物有艺术学校、

《滚石》杂志、卢浮宫、报纸的艺术版等；体育运动的支撑物有体育训练营、《体育画报》(*Sports Illustrated*)、扬基棒球队的球场、报纸的体育版等。不过，观看或从事艺术与体育运动的快乐却是笼统的、原始的。

发展心理学家发现，儿童天生就会将身边有趣的事物指出来并与人分享。这看起来似乎再简单不过了，但只有人类独有，其他动物都不具备这种能力。**正是这种分享欲让人成为人，因为想要与他人分享，所以人类发明了语言和文化，并渐渐与其他动物区别开来。**

同时，儿童也具有想要表现某种特定技巧的欲望。例如，一个蹒跚学步的幼儿独自走动、跨过障碍物而不跌倒，他这么做有时是希望得到父母的赞赏，有时只是想要独自表现而已，即使没有人围观，他也能从中获得乐趣。

时至今日，很多自我表现方式都带有一定的竞争性质。例如，我们时常可以看到赛跑与摔跤，任何能被拿来竞争的事物都不可避免地带上了竞争的性质：一个孩子打嗝了，其他孩子也想打嗝；一个孩子讲了一个故事，其他孩子就想讲一个更好的故事超越他（小说就是这么来的）；青少年围坐成一个圈，依次讲笑话，看谁能把大家都逗笑（单口喜剧就是这么来的）。还有一种竞争是自己跟自己比赛，如每个运动员都想超越自己上一次的成绩，也有人会挑战自己猜字谜或填数独的速度。

人类是不拘泥于常规、非常有创造性的物种，因此对人类来说，

第 4 章　衣带渐宽终不悔：为什么我们会对艺术表现力孜孜以求

自我表现方式是无穷无尽的。

在我 8 岁的时候，我知道自己不可能成为世界上跑得最快的人，但我对单脚跳弹簧很在行。我练了好几个月，就是为了打破单脚跳弹簧的世界纪录，不过，最后还是以失败告终。我曾有一本《吉尼斯世界纪录大全》，里面记载的各种各样的自我表现方式令我叹为观止。

当然，并不是所有的自我表现方式都平等地适用于每个人。例如，成为一名数独专家与具有丰富的国际象棋经验是两回事，获得世界吃烤奶酪比赛冠军与成为迈克尔·乔丹也是两回事。擅于拼写是好事，但获得全国拼写冠军未必就能被保送研究生。在电子游戏中过五关斩六能获得快乐，但这种快乐很快可能会被"玩游戏浪费生命"这样的感悟扼杀。

此外，有些自我表现存在矛盾。在艺术领域，描绘丑陋的惯例由来已久，如怪诞派画家希罗尼米斯·博斯（Hieronymus Bosch）总是画丑陋的东西，再如前文提到过的杜尚的小便池以及曼佐尼的"罐头"等，甚至有的当代艺术家用体液与动物器官来做素材——爱德·金霍尔茨（Ed Kienholz）的作品因为观众每次看到都想呕吐而被移出了路易斯安那博物馆的当代艺术展厅。艺术家以丑陋为核心创作艺术品，部分原因是他们想要借此推翻"艺术都应该是美丽的"这一观点。在他们看来，"美丽"太平庸、太简单、太易取得、太中产阶级了，大胆而富有创造力的艺术必须脱离这些"缺陷"。很多艺术家不希望别人在评价他们的作品时用"令人开心"或"令人振奋"这样的词，还有的艺术家喜欢畸形展览，畸形对他们似乎有一种独特的吸引力。

不过有时候，丑陋也的确很好玩。英国有一种扮鬼脸大赛，参赛者都要尽力地将自己的脸弄得扭曲。比赛规则很简单，参赛者把头套在马项圈里，然后各自发挥，做出最吓人或最傻的鬼脸。例如，在比赛中，有人故意戴上假牙，或把原本戴着的假牙取出来，甚至颠倒着戴上假牙。

其实，人类在利用音乐、绘画、体育运动和游戏等方式进行自我表现时，消耗了大量的精力，这些自我表现都与繁衍有关，人们借此表现出智慧、创造力、力量以及幽默等优势。我们都是本质主义者，本能地会被自我表现的历史吸引，因此能从中获得快乐。当然，人类是十分聪明的动物，懂得偶尔撇开繁衍的需求，仅从欣赏的角度出发，从丑陋中获得快乐。这可称得上是聪明的平均主义，既兼顾繁衍的需求，又能获得更多的快乐。很遗憾，做鬼脸还不是奥运会的比赛项目，希望有一天，它也能成为正式比赛项目之一。

HOW PLEASURE WORKS

第 5 章

庄生晓梦迷蝴蝶：
为什么想象力让我们沉浸在快乐中

想象是现实生活的精简版，
当从现实生活中获得快乐需要冒巨大风险、
付出极大的努力或获得快乐的概率极低时，
人们会转而求助于想象。

HOW
PLEASURE
WORKS

第 5 章　庄生晓梦迷蝴蝶：为什么想象力让我们沉浸在快乐中

你知道美国人是如何打发空闲时间的吗？答案肯定吓你一跳。美国人最常做的事既不是吃吃喝喝，也不是旅行；既不是和好友们混在一起，也不是做运动，更不用说跟家人待在一起了。有时候，人们会说，他们最爱做的事就是"床上运动"，但调查显示，美国成年人每天花在这件事上的平均时间只有 4 分钟，几乎和他们花在填报税表上的时间一样。

其实，美国人空闲时最爱做的事就是发呆，沉浸在虚拟世界中，他们会乐此不疲地看小说、看电影、玩网络游戏、看电视（平均每个美国人一天要看 4 小时），或者干脆沉浸在自己的白日梦和幻想中。事实上，不只美国人热衷于沉浸在虚拟世界中，有研究表明，欧洲人也如此。

这种生活方式的确有些奇怪。很多事都比做白日梦有意义，如吃东西、交朋友、造房子或教育孩子等，但人们却将大把时间花在虚拟世界里：2 岁大的孩子整天扮动物玩，年轻人看小说、看电影、玩网络游戏，很多成年男性甚至整天浏览色情网站却不愿意与现实中的女性交往。有位心理学家在博客中这样写道:"人类真是很有趣,宁愿在家看《老友记》,也不愿意花点儿时间交个真实的朋友。"

有种观点认为,想象的快乐确实存在,因为人类的神经系统会将想象的快乐与真实的快乐联系在一起。**从某种意义上讲,人们会乐此不疲地沉浸于想象中,是因为人们根本分不清现实与虚拟。**这种观点很有说服力,在我个人看来,它基本上是对的,本章将对它进行详细的解释,并引申出一些更让人吃惊的观点。当然,这并不意味着这种观点完全正确,同样存在一些例外,如看恐怖电影和有受虐倾向的想象,这需要用本质主义的观点予以解释。

从游戏中获得快乐

几乎所有的孩子都喜欢玩过家家,扮演自己喜欢的角色,不过,由于文化差异,孩子们玩的过家家类型各有不同。例如,在纽约长大的孩子可能会想要扮成一架飞机,而在原始部落长大的孩子根本连想都不会这么想。20 世纪 50 年代,美国的孩子最喜欢扮成牛仔与印第安人,现在这样玩的孩子很少了。在有些文化中,人们鼓励这种扮演与玩乐,但在另一些文化中,孩子们只能偷偷地玩。但无论如何,过家家与角色扮演永远都是孩子们热衷的游戏。

发展心理学家一直对孩子辨别现实与虚拟的能力很感兴趣。事实

第 5 章　庄生晓梦迷蝴蝶：为什么想象力让我们沉浸在快乐中

上，4 岁大的孩子对此已经有了一定的认识。当研究人员让他们辨别二者时，他们往往能给出正确的答案。

那么，4 岁以下的孩子能不能分辨现实与虚拟呢？2 岁大的孩子可能会在玩乐中扮成动物或飞机，当其他人扮演时，他们也能明白这些人是在扮演。当一个小女孩看到爸爸像狮子一样咆哮、手脚并用爬向她时，她可能会躲开，但她不会被吓到，因为她知道爸爸不是狮子，只是扮成狮子而已。可见，**孩子从扮演游戏中获得的快乐是建立在他们对现实与虚拟的清楚认知上的**。

孩子的这种认知是何时出现的呢？对于这个问题，众说纷纭，有很多学者希望通过实验进行进一步的研究。在我看来，即使是婴儿，他们对现实与虚拟也有一定的分辨能力，我们从他们的日常表现就可以看出来。

成年人跟婴儿待在一起时，经常会跟婴儿玩一个游戏：成年人会把脸凑到婴儿面前，让他们触碰，一旦他们碰到了自己的眼镜、鼻子或头发，就立刻把头缩回来，假装被婴儿打到，哀号一声。当成年人第一次把头缩回来时，只要注意观察，就会发现婴儿会有一些吃惊，甚至有些害怕，但当成年人再次把脸凑过去时，婴儿依然会伸手去碰触，这时，如果成年人再假装哀号一声，婴儿就会觉得这很好玩。在这个游戏中，婴儿其实完全明白成年人根本没有生气也没有被打痛，也就是说，婴儿知道成年人的哀号是装出来的。

当然，婴儿不可能事事都分得那么清楚。有时，即使成年人也未必能分清其他人到底是在开玩笑还是认真的，更不要说婴儿了。

达尔文记录了他大儿子的一则趣事："他4个月大的时候，我在他身边发出各种奇怪的声音，还朝他扮鬼脸，想要吓吓他，但是，只有在我的声音非常响或鬼脸做得很过分的时候，才会吓到他，否则他都会认为我在逗他玩，我想可能是我在做鬼脸前或做鬼脸时笑了的缘故。"然而有一次，他大儿子却被保姆骗到了："在他6个月大的时候，保姆有一次假装哭了，我看到他的脸刹那间露出了愁容，嘴角下垂。"

只有人类才会开玩笑、玩扮演游戏吗？动物会吗？实际上，狗和狼在与同伴互动时也有类似的举动，它们看上去像是在彼此攻击，其实是在闹着玩，它们在打闹时都明白，双方不是真的要攻击彼此。它们会屈起前肢，后肢保持站立，低下头，这个姿势表示"我想跟你玩"或"我们是闹着玩的"。从某种意义上说，这也算是一种扮演游戏。当然，这种玩闹更多的是出于一种动物本能，动物以此来练习捕猎技巧。不过，动物无法意识到玩闹其实是真实捕猎的"虚拟版"。

有时候，人类也会像动物一样分不清现实与虚拟的界限，但人类的想象具有一定的灵活性，能把现实存在的事物想成虚拟的。例如，我们可能会先当着孩子的面把一张纸对半剪开，然后用手指做出一副要剪的样子，如果动作到位，孩子就会明白，你要剪一张纸。这个动作可能很简单，但除了人类，其他动物往往不会明白其中的含义。

元表征是想象力带来快乐的核心

人类有一项特殊的能力：即使知道某种观念并非事实，也能将其记在脑中，分析它，并做出回应。这种能力就是元表征能力，即对已有表征的表征。

为了理解这个概念，我们来看一个简单的例子。假设你知道雨伞在储藏室，这一认知就会影响你的行为。如果你在雨天出门，但不想被淋湿，你就会去储藏室找雨伞，你之所以会这么做，就是基于"雨伞在储藏室"这个认知。也就是说，你的行为受到了"雨伞在储藏室"这个认知的影响。其他动物也有类似的表现，如老鼠会对"食物在角落里"这样的认知做出反应。

接下来，来看复杂一些的例子。玛丽说她不想淋雨，想找把雨伞出来，于是她走向了储藏室。当你看到玛丽的这种行为后，你会很自然地得出结论：玛丽认为雨伞在储藏室。

这就是人类思维的独特之处，即对他人的认知有认知——你知道玛丽认为雨伞在储藏室，但事实上雨伞未必在储藏室，也可能在客厅，可这并不妨碍你关于"玛丽认为雨伞在储藏室"的认知。

人类能推断出他人的错误，这种能力非常重要。它为教育提供了可能性，如老师时刻记得学生知道的比自己少，从而能纠正学生的错误。这种能力也是说谎或虚构的基础——当你知道别人比你掌握的信息少时，你就有了编造信息的空间。例如，当我收到了某人的电子邮件却告知他没有收到时，我其实就是在利用这种对双方信息差的认知而说谎。尽管近来有研究表明，如果错误非常明显，那么即使是一岁大的婴儿也能看出端倪，但总的来说，孩子在推断观念错误与否方面仍然比较吃力。

此外，元表征还是想象所带来的快乐的核心。在看戏剧《俄狄浦斯王》时，观众都知道伊俄卡斯忒就是俄狄浦斯的亲生母亲，但剧中的角色并不知道，这才使戏剧充满张力。

认知学家莉萨·詹赛恩（Lisa Zunshine）模仿《老友记》写了一个剧本。在这个剧本中，菲比发现莫妮卡和钱德勒好上了，她想开个玩笑，就去跟钱德勒打情骂俏。莫妮卡发现了菲比的小伎俩，于是她告诉钱德勒接受菲比的示好，这样菲比就会自讨没趣了。然而，菲比很快得知了莫妮卡的小算盘，于是她告诉朋友们："莫妮卡和钱德勒想要耍我们，怎么可能呢？他们不知道，其实我们早就看清了他们那点儿小算盘。"

詹赛恩还举了个例子，来自《纽约客》杂志上的一幅漫画，如图 5-1 所示，道理是一样的。

那么，人类的元表征能力从何而来？在我看来，它有两个看似可信、相互兼容的来源。

第一个来源可以从上述例子中反映出来。**人类的行为并不是受**

第 5 章　庄生晓梦迷蝴蝶：为什么想象力让我们沉浸在快乐中

"事物究竟如何"驱使的，而是受"认为事物如何"驱使的，要想理解他人的行为，就需要就他人的观点——哪怕是错误的观点进行推理。也就是说，元表征能力首先是建立在分析人类思维的基础之上的。

图 5-1　"怎么认为"比事实更重要
"我当然关心你对我的想法的想法，我希望你感受到了我想让你感受到的感受。"

第二个来源则是，人类希望通过想象虚拟的情境为将来可能发生的事做准备。当然，这些人类反复思量的事最终可能根本不会发生。英国文学评论家安东尼·努塔（Anthony Nuttall）说道："我认为卡尔·波普尔（Karl Popper）说过的最明智的话就是，人类会利用假设来趋吉避凶。人类已经找到了一个用来对抗或削弱死亡威胁的好方法，那就是，做事前先做好充分的假设，并对各种可能性进行评估。"

举个例子，假设你要策划一次旅行，目的地是泰国的沙美岛。在出发前，你会利用自己对沙美岛的认识反复规划。例如，你知道这个地方靠海，那么你在旅行中就可以去沙滩上玩，这听起来很不错。但假如你也想去伦敦，你就会对这两个地方进行比较：如果是去伦敦，你可以去世界一流的博物馆参观，但就没有沙滩与海风了。比较之后，你得出的结论通常内容迥异：

  如果去沙美岛，我可以去沙滩。
  如果去伦敦，我可以去博物馆。

在你得出这些结论时，你根本不关注结论背后隐含的意思，而只关注：

  我可以去沙滩。
  我可以去博物馆。

对未来的假设能力是人类独有的，因为只有人类才具有想象力，才会设想事物发展的不同可能性，而这种能力通常是无意识的，人在一瞬间就能得出结论。例如，你喝完第一杯酒后，当别人要给你倒第二杯时，你拒绝了，因为此时你想到的可能是今天要工作到很晚，不能喝醉。你会对可能发生的情况做出推断：

  如果我喝了第二杯，我就会醉。

当然，这种假设也可以建立在深思熟虑的基础上。

由此看来，这两种元表征能力的来源都带有进化论色彩，是帮助人类更好地生存的实用性能力。不过，既然已经拥有了这些能力，我们自然也可以将它花在毫无用处的事上，如做白日梦、看电影或阅读。

元表征能力在扮演游戏中发挥了核心作用。

科学实验室 HOW PLEASURE WORKS

心理学家艾伦·莱斯利（Alan Leslie）做过一项实验，他找了一组2岁的孩子，让他们假装给一个空杯子倒满水，然后将水泼到玩具熊身上。他发现，孩子们清楚地知道在现实世界中，玩具熊仍然是干的，但在"假装"的世界中，玩具熊已经被泼湿了，因为他们肯定了一开始那个"倒水"的"假装"行为。

我发现，我3岁大的侄女也能在扮演游戏中分清现实与虚拟。例如，她会用手指对着我，然后说"砰"。如果我应声倒地，伸出舌头，装作被打死了，她会玩得很开心，因为她知道，我并不是真的死了。

故事带来快乐

想象带来的快乐并不都是如上述游戏中那样简单直接，在大多数情况下，这种快乐是复杂的，有具体的起承转合，最常见的就是故事带来的快乐。而好的故事，往往包含着某些普遍的情节。

好的故事能吸引不同国家、不同文化以及不同阶层的人。例如，虽然电视剧《黑道家族》(The Sopranos)不太可能在与美国的文化完全不同的国家翻拍，但剧中涉及的主题却具有普适性，如父母对子女的担忧、与朋友发生冲突以及背叛等，因此收获了大批观众。

小说家伊恩·麦克尤恩(Ian McEwan)进一步阐述了这种普适性，他甚至指出，19世纪英文小说涉及的所有主题都可以从倭黑猩猩身上中找到："联盟分分合合、个体命运起伏不定、阴谋、报复、感激、自尊受损、求爱成功或失败以及丧亲之痛。"

不过，这种普适性通常很容易被人忽视。麦克尤恩指出，每个时代的评论家与艺术家都坚称自己做了前无古人的事，毕竟，一旦人们停止像哲学家或科学家那样追根问底，就会发现差异是最关键的，而非普适性。例如，如果我去书店买书，即使所有的书都是关于同一个主题的，也丝毫不会影响我看书的乐趣。威廉·詹姆斯曾引用过一个没有学问的木匠的话："人和人之间的差异其实很小，但就是这小小的差异决定了人的品行与人生。"

不同的故事反复表现某些类似的主题，是因为人类具有共性。例如，最受欢迎的故事是关于爱情、家庭以及背叛的，这不是因为人类的想象力对此有任何特异功能，而是因为在现实生活中，人类常常纠缠于爱情、家庭以及背叛中。

第5章　庄生晓梦迷蝴蝶：为什么想象力让我们沉浸在快乐中

从角色与自己、现实与虚拟的双重视角获得快乐

为什么人们会享受故事带来的快乐？人们明知道故事中的情节与角色都是虚构的，却仍然会被感动，这是不是很奇怪呢？例如，人们为什么会被托尔斯泰笔下的安娜·卡列尼娜的命运触动呢？

被小说触动是司空见惯的事。例如，19世纪40年代，当人们读到查尔斯·狄更斯笔下的小耐尔[①]死去时，会纷纷落泪。如今，人们在看到J. K. 罗琳写的"哈利·波特"系列中自己心爱的角色死去，应该也会潸然泪下。在《哈利·波特与死亡圣器》出版后，罗琳在一个电视采访中透露，她在写作期间接到过很多读者的来信，他们希望她千万不要把某个角色写"死"，比如海格、赫敏、罗恩以及哈利·波特。来信的读者不仅有孩子，还有不少成年人。再如，有一个朋友曾跟我说，他最恨的人不是现实生活中的人，而是电影《猜火车》中的一个角色。有人不敢看某一类小说，因为这类小说的情节会让他神经紧绷；有人则不喜欢看喜剧，因为喜剧的笑点让他感到尴尬。我不喜欢看太过写实地描述主角悲惨遭遇的电影，因为这种电影会让我产生身临其境的不适感。

虚拟体验带来的感受自然无法像现实感受那样强烈，如看一部讲鲨鱼吃人的电影肯定不如亲眼看见鲨鱼吃人恐怖，但无论从生理角度

[①] 狄更斯小说《老古玩店》中的小女孩，因为劳累过度最后悲惨死去。——译者注

还是从神经系统和心理角度来看，前者引起的紧张刺激情绪同样是真实的。

心理学家往往会利用这一点，通过虚拟体验研究人类的真实情绪反应。如果一位实验心理学家想弄清楚悲伤的情绪是否有利于人类进行逻辑推理，那么他需要让被试进入悲伤的情绪中。而要营造悲伤的氛围，不需要对被试进行真实的打击或伤害，只要给被试看悲剧电影即可。例如，在电影《母女情深》（*Terms of Endearment*）中，母亲临死前躺在病床上见孩子们最后一眼的片段足够催泪。如果一位患者想让临床心理学家治疗自己对蛇的恐惧，那么临床心理学家肯定不会把一条真蛇扔到患者面前。他通常会先让患者想象蛇的样子，然后再慢慢过渡到让患者接触真蛇。当然，只有当患者面对虚拟的蛇与真蛇都感觉恐惧时，这种疗法才会奏效。

既然虚拟体验带来的情绪反应是真实的，那这是不是意味着人们会将虚拟体验本身也视为真实的？人们会不会认为虚拟的角色确有其人，虚拟的故事情节也真的发生过？实际上，有时候人们的确会被虚拟的事物弄糊涂，如家长告诉孩子世界上真的有圣诞老人、牙仙[①]以及复活节兔子[②]时，孩子会信以为真。有的成年人甚至也会犯糊涂，如在看电影时可能会将故事片当作纪录片，或将纪录片误以为是故事

[①] 牙仙是美国的一个民间传说。孩子们把换下来的乳牙放在枕头底下，牙仙会趁他们睡着时把牙齿拿走，并留下孩子们希望得到的礼物。——译者注
[②] 复活节兔子在西方有着悠久的历史。在美国，孩子们相信，最乖的孩子会在复活节得到复活节兔子送来的彩蛋和糖果。——译者注

第 5 章 庄生晓梦迷蝴蝶：为什么想象力让我们沉浸在快乐中

片。更有意思的是，有时候，即使人们知道某个事物是虚拟的，其内心深处仍然会固执地认为它是真的。

通常，将虚拟世界与现实世界完全区分清楚异常困难。很多研究显示，当一个事实出现在一个故事中时，即使人们知道整个故事是虚构的，仍然倾向于相信这个事实是真的。这并不奇怪，因为很多故事中出现的细节与事实大部分是真的。例如，一本以 20 世纪 80 年代末的伦敦为背景的小说，其中涉及的当时伦敦人的饮食起居、口音以及穿衣打扮等，大体上应该是准确的，因为只要是有敬业精神的作家，他们都会在事实与细节上下功夫，使整个故事显得真实可信。

事实上，大多数人对律师事务所、急诊室、警察局、监狱、潜水艇以及黑帮斗殴的认识，都不是从现实经历或调研报告中得来的，而是从小说或影视剧中获得的。比如，通过看警匪片，人们可以了解警察是如何办案的，如大家耳熟能详的"你有权保持沉默"；通过看《十二宫杀手》这样的写实类电影，人们可以学到很多知识。很多人会希望通过阅读小说了解现实世界，如选择阅读历史小说等。

有时候，人们会混淆现实与虚拟。《达·芬奇密码》的出版大大地刺激了苏格兰的旅游业，因为读者都相信小说里所说的，即圣杯就藏在苏格兰。更有甚者，连演员本人也会被人们混淆成其扮演的角色。

演员莱纳德·尼莫伊（Leonard Nimoy）出生于波士顿，他在电影《星际旅行》中扮演了半瓦肯人半人类的斯波克，此后，有些人常常将他本人与斯波克混淆。他对此非常无奈，便出了本自传《我不是斯波克》(*I am not Spock*)。然而，20 年之后，他又出了第二本自传：《我就是斯波克》(*I am Spock*)。

演员罗伯特·杨（Robert Young）在参演了医疗类电视剧的"开山鼻祖"《维尔比医生》而走红后，收到了成千上万封信，人们都想请他给自己看病。他后来干脆因势利导，穿上他的医生行头（一身白大褂），为阿司匹林和无咖啡因咖啡做起了广告。

那些为安娜·卡列尼娜的故事流泪的人其实都非常清楚，安娜·卡列尼娜不过是小说中的人物罢了；为"哈利·波特"系列中的家养小精灵多比牺牲而悲伤不已的人，也知道多比根本不存在。就像前文提到的那样，即使是孩子也能清楚地分辨现实与虚拟，当被问到某样东西或某件事是现实还是虚拟的，他们总能做出正确判断。

那么，人类为什么会被虚拟的故事感动呢？

大卫·休谟讲过一个故事，说有个人被装进挂在高塔外面的铁笼子里，他知道自己非常安全，但仍然会"无法克制地颤抖"。蒙田也讲过类似的例子："如果让圣人站在悬崖边上，那么他也会像孩子一样发抖。"我的同事、哲学家塔马·亨德勒（Tamar Gendler）提到了美国大峡谷的空中走廊，这条走廊由玻璃制成，离地 1 200 多米，从大峡谷悬崖向外延伸 20 多米，人走在上面相当惊险刺激。很多人来到空中走廊想一探究竟，却由于太害怕而不敢走上去。总之，这几个例子都存在一个共性：人们在明知自己安全的情况下，仍然会忍不住恐惧、发抖。

第 5 章　庄生晓梦迷蝴蝶：为什么想象力让我们沉浸在快乐中

亨德勒在一份重要的学术报告中论述了这种现象，她新造了一个英文单词来解释这种精神状态：alief（隐念）。alief 不是对事物实际情况的看法，而是对事物表象的看法。在上述几个例子中，人们都明白事实上自己是安全的，但从表面上看，似乎存在危险。罗津的实验发现人们不愿意拿崭新的便盆盛汤，不愿意吃粪便状的软糖，也不愿意将没有子弹的空枪对准自己的脑袋扣动扳机。对此，亨德勒认为，尽管人们知道便盆是崭新的、软糖不是粪便、枪里没有子弹，但由于 alief 的存在——它在不断地对人们大吼："便盆真脏！软糖很臭！枪支危险！赶快扔了！"因此还是会让人们不由自主地对它们产生抗拒情绪。

人的大脑并不怎么关心哪些是真实的，哪些是看起来真实的，哪些是虚拟的，这使人的快乐从现实世界延伸到了虚拟世界。例如，如果一个人喜欢在现实生活中结交智力非凡的人，那么他也会对电视节目中的天才类角色很有好感。**想象是现实生活的精简版，当从现实生活中获得快乐需要冒巨大风险、付出极大的努力或获得快乐的概率极低时，人们会转而求助于想象。**

人们利用这一点创造出了很多虚拟体验来替代现实经历，如利用虚拟的故事或模拟游戏获得在现实中无法获得的快乐，就像孩子们在荡秋千时往往会体会到"飞"的快乐。又如，观众通过演员的表演来刺激自己的想象力，从而缩小现实经历与虚拟体验的差异。甚至做白日梦也能给人带来快乐：如果你想赢得世界扑克牌大赛，或在城市周围飞一圈，抑或是与心仪的对象缠绵一番，那么你只要闭上眼睛，尽情想象，就能体会到非常真实的快乐。

那么，其他动物会做白日梦吗？比如狗会做梦，但它们会做白日梦吗？在我写下这两行字的时候，我的狗就在我身边，安安静静地待着，两眼放空。人们在独处时会规划未来、做做白日梦、东想西想，狗是否也会这样呢？它们在发呆时脑中是否会一片空白？同样，这个问题也可以放在猴子身上，毕竟它们在进化程度上和人类是最接近的，猴子也会像人一样有性幻想吗？还是说像林语堂在《论梦想》中说的那样，"人类和猴子的差异点，也许是猴子仅仅觉得讨厌无聊，而人类除讨厌无聊外，还有着想象力"？

在幻想时，人们往往会把自己当作虚拟经历的主角：人们在想象时"穿越"了。这也正是白日梦与想象的运作方式，就像人会想象自己得奖了，而不是看着自己得奖。有些电子游戏正是利用这种原理进行角色设计，如在很多游戏中，是玩家自己跑来跑去打怪兽，做高技巧的滑板动作。通过这些设计，玩家会有身临其境的快乐。有研究显示，在读小说时，读者会感觉自己经历着书中的情节，就好像栖身于主角的大脑中一样。

看电影时，观众往往会比剧中角色掌握更多的信息。哲学家诺埃尔·卡罗尔（Noël Carroll）分析了电影《大白鲨》的开头一幕，他说观众无法完全像电影中的女孩角色那样思考，因为女孩在快乐地游泳，不知道鲨鱼就在附近，但观众知道。观众掌握了女孩自身不了解的信息，听到了她不可能听到的预示鲨鱼出现的紧张配乐。观众知道她身处一部鲨鱼吃人的电影中，而对她来说，她只是在过自己的日子。

观众看到女孩在快乐地游泳时，鲨鱼突然出现，此时，对于女孩感受到的恐惧与不安，观众感同身受。也就是说，观众是从角色与自己、现实与虚拟这样的双重视角来获得快乐的。

从小说中获得快乐，是进化的意外，而非必然

身临其境的快乐可以解释为什么人们喜欢听故事、讲故事。大多数故事都是描写人的，而人们对人以及人的行为都很感兴趣。有一种观点认为，语言是人类交流社会信息的工具，而推动语言进化发展的动力就在于，人类需要借助语言相互交流，尤其需要借助语言来拉家常、聊八卦。

大多数图书或纪录片，即使以科学为主题，也或多或少会涉及科学家本人以及科学家的个人经历、与他人的相互关系等。詹赛恩也发现，很少有小说只描写自然而不涉及人，即使是以描写自然环境而出名的小说，也或多或少对人进行了描写。

这种对人的兴趣激发了人们很多奇特的快乐。纵观人类历史，重要人物的一举一动都会牵动人心。这些重要人物影响着人们的生活，人们会想尽一切办法打探他们的消息、讨他们欢心、尽量不遭到他们的厌恶。即使地球上的人口数量与日俱增，从几万涨到了几十亿，这种对重要人物的狂热也不会退去。人类对小说的热爱也折射出了这种

奇特的快乐。一般人都乐于听听八卦、聊聊是非、看看小说，因为这些行为能极大地满足人们的好奇心，即使故事的主角与人们一点关系都没有，甚至根本不存在，也不会影响人们从中获得快乐。这种奇特的快乐就如同在即将饿死时仍然拼命吃无热量的代糖一样。

事实真是如此吗？小说带来的快乐真的毫无进化意义吗？这种快乐是人类无法区分，或根本不在乎是真实还是虚拟这一特质的副产品吗？

很多学者为小说带来的快乐找到了进化的依据。詹赛恩认为，人类喜欢看小说，是因为小说可以帮助人们提高社会生存能力。读者在看小说时，其实是站在主人公的角度思考问题的，这很好地训练了读者的换位思考能力。有心理学家认为，小说的作用是训练人们的社交技能。达顿和平克都认为，小说有助于训练人们应对现实生活里的困境，平克说："生活确实是在模仿艺术，因为有些艺术确实提供了现实生活所需。"

我完全同意这些人的看法，也赞同哲学家玛莎·纳斯鲍姆（Martha Nussbaum）所说的，即小说还能给读者灌输某些道德观念，从而改变读者的固有观念。在我看来，小说能让社会变得更好，能将"奴隶制是万恶的"这样的正确导向放在故事中并传达给读者，最终促进社会进步。此外，小说还有助于人们交朋友、谈恋爱，因为故事能手总能在社交中无往不利。

接下来，我会探讨小说的另一项重要功能，即训练人们为各种困境和窘境做好充足的心理准备。

尽管小说有很多用途,但这些用途都不是小说存在的理由。从进化角度来看,这些用途都是多余的:虽然小说能训练人们应对现实生活,但它无法训练人们将虚拟与现实完全分开,更不用说培养想象力了。我认为,从小说中获得快乐的能力是进化的意外,而非必然。

虚拟与真实结合,让快乐加倍

塞缪尔·约翰逊(Samuel Johnson)在他的《莎士比亚全集序》(*Introduction to Shakespeare*)中写道:"读者在读悲剧时会产生愉悦感,是因为读者清楚地知道自己所读的故事是虚构的。如果读者将书中的谋杀与阴谋当作真实存在的,那么他们就体会不到读悲剧的愉悦感了。"

约翰逊毫无疑问是位伟大的作家,但如果他知道了辛普森案[①],就会知道人类也能从真实的悲剧中获得愉悦感。莎士比亚笔下的悲剧反映了现实世界中的各种热点事件,包含了紧张复杂的社会关系,内容涵盖爱情、家庭、财富以及地位等,因此人们会守在电视

---

① O. J. 辛普森(O. J. Simpson)是美国前橄榄球明星,1994 年被控杀害前妻及前妻的男友,手段非常残忍,一时成为美国要案,对他的审判被称为"世纪大审判"。——译者注

机前津津乐道。

与小说比起来，人们对现实生活中的悲剧和负面事件往往更感兴趣。如果一本名人回忆录被证实是虚构的，那么它的销量将会直线下降。在美国，一旦有悲剧发生，如华盛顿街头出现的连环杀人案，马上就会有人以这些悲剧为题材拍摄电影出来赚钱。**可见，在故事中添加真实事件会增加人们从中获得的快乐。**

前文提到过，大脑不太关心带来快乐的故事是虚拟的还是真实的，但这并不意味着人们对真实事件无动于衷。一般来说，真实事件更能触动人心。其中的一部分原因是，真实事件会实实在在地影响我们，就像虚拟故事中的杀人狙击手不会射杀我们爱的人，但真实事件中的杀人狙击手会让我们为爱人的出行担忧；另一部分原因是我们倾向于反复思考真实事件的影响与意义。在虚拟故事中，一旦电影放完或演出结束，演员的工作就完成了。如果一个人在看完《哈姆雷特》后仍然对哈姆雷特的朋友们如何应对他的死讯耿耿于怀，就会显得奇怪，因为并不存在所谓的"哈姆雷特的朋友们"，这些角色都是虚拟的。如果一定要深究，那就是观众自己在写故事的续集了。真实事件不是这样的，每个真实事件都有前因后果，这正是其触动人心之处，比如，当我们听到辛普森案时，会很自然地为死者家属难过。

当然，就像人工制造的糖精比天然的糖更甜一样，虚拟故事有时候也可能比真实事件更能触动人心，主要有以下 3 种原因。

第一，虚拟角色可能比我们身边的家人和朋友更机智、更有智

第 5 章　庄生晓梦迷蝴蝶：为什么想象力让我们沉浸在快乐中

慧，所以他们的冒险故事更有趣。以我自己为例，我接触的人都是教授、学生以及邻居等普通人，我的生活圈也只是人类社会很小的一部分，接触不到那些有趣的人和事。在我的社交圈中，没有发生过脾气暴躁、负过伤的警察只身抓住连环杀人魔的事件，没有身陷风尘却心地善良的娼妓，没有幽默风趣的吸血鬼，也没有像俄狄浦斯一样杀父娶母的人。不过，我可以在虚拟故事中接触到类似的奇人怪事，并体会其中的乐趣。

第二，很多时候，现实生活都很无聊，也很平淡无奇。即使是辛普森案这样的大案，枯燥乏味的审判过程也持续了几个月。虚拟故事并不存在这种问题，就像评论家克莱夫·詹姆斯（Clive James）说的那样："所谓'小说'，就是去掉枯燥乏味部分的精简版生活。"这也就是为什么《老友记》中的角色比你身边的朋友看起来有趣。

第三，虚拟故事所用的表现手法能给人带来在现实世界中无法获得的愉悦感。比如，小说既可以将主角从出生到死亡的过程都呈现出来，也可以展现人们在现实生活中根本无法遇到的奇遇。再比如，在现实生活中，你不可能确切地知道其他人在想什么，而在小说中，你可以读到主角每一次的心理活动。

这种技巧并不是小说独有的，其他艺术形式也存在类似的表现手法。例如，戏剧演员会在上台后先来一段声情并茂的独白，告诉观众此时此刻剧中角色的心理状态如何；在音乐剧中，角色的心理活动会被表演者唱出来；在电视或电影中，角色的心理活动有时会通过旁白告诉观众。这样的表现手法非常常见，那么，第一次应用这种表现手法到底是在什么时候？孩子在第一次接触这种表现手法时又会有什么样的感触？也许，孩子在第一次听到其他人的内心活动通过语言表达出来时，一定会觉得非常好玩。

电视与电影中的特写镜头也能给观众带来类似的快乐。纵观电影史，"偷窥"这一主题历久不衰，有关偷窥的经典影片如《后窗》(*Rear Window*)，电影本身的技术特性能很好地满足人类的偷窥欲。在看电影时，你可以肆无忌惮地盯着影片中的角色，不用担心会被角色瞪一眼。哲学家科林·麦金（Colin McGinn）认为："有偷窥癖的人会对进入别人的卧室或盥洗室很感兴趣，电影不仅能展现剧中角色的卧室和盥洗室，还能带观众去看更私密的东西——角色的灵魂。"

总的来说，真实事件很容易触动人心，而小说、戏剧、影视剧中的虚拟故事也有其自身独特的魅力。所幸人类可以二者兼得，人们可以从真实事件中汲取灵感，创造更有趣、更有吸引力、更能引发无限遐想的故事，让读者或观众从虚拟故事中体会在现实生活中体会不到的快乐。火爆一时的电视真人秀就是最好的例子，它兼顾了虚拟和现实，给观众带来了极大的快乐。

HOW PLEASURE WORKS

第 6 章

古来苦乐即相倚：为什么我们会在"自找苦吃"中获得愉悦

我们不是天生的享乐主义者，
于我们而言的美好生活不仅包含快乐，
还需要一些挣扎、焦虑和失落。

HOW
PLEASURE
WORKS

第6章 古来苦乐即相倚：为什么我们会在"自找苦吃"中获得愉悦

如果有一部给小女孩做开颅手术的电影，在电影一开始，医生就把小女孩整张脸的皮肤取下来，你会喜欢看这部电影吗？

心理学家海特及其同事曾将这部电影放给大学生看，结果，绝大多数学生都觉得这部电影既让人不安又恶心，只有极少数学生看到了最后。另一部关于吃猴脑的电影同样不受学生待见，电影中的人把猴子打晕，然后取出猴脑给客人吃。

上一章讨论了想象如何带来快乐的基本理论：人们的大脑在一定程度上并不关心得到的体验是否真实存在，只要有快乐即可。例如，如果你对爱情与背叛感兴趣，那么你对一本描写爱情与背叛的小说也会感兴趣。想象带来的快乐源自现实生活带来的快乐。

当然，这种理论并不完备。有时，现实中可怕、无聊或压抑的事件却能在想象中引发强烈的愉悦感，如人们对那些令自己泪流满面、噩梦不断或恶心作呕的小说情有独钟，或在虚拟世界中做在现实中不敢做的事。当然，白日梦也不全是美梦，即使最快乐的人在梦中也会被他内心深处的恐惧纠缠。为什么会如此呢?

出色的故事，
就是让人分不清现实和虚拟

在某种意义上，故事就是现实的写照，出色的故事会让人分不清它是现实还是虚拟，这也是很多作家梦寐以求想达到的写作境界。

不过与阅读比起来，看电影更容易让人产生共鸣，因为阅读需要读者自己专心看，进而投入其中，电影则更直接。常有观众会在电影院中缩在座椅中看恐怖片，他们用手捂着脸，从手指缝瞄银幕。据说在电影出现的早期，当观众看到屏幕里的枪对着观众席"开火"时，他们会尖叫着四处躲避。电影是最接近现实的虚拟世界，正如哲学家麦金强调的那样，"最好的观影体验来自大屏幕放映"。如果你在小尺寸的电视机屏幕上看，或在电脑上一边发电子邮件一边开着小弹窗看，观影效果就会大打折扣。

科技最终也许会发展到令人分不清现实与虚拟的水平，那时，唯一能区分二者的就是人们一开始就知道哪些是现实，哪些是虚拟。也许有一天，人们自己都不想知道哪些是现实、哪些是虚拟，人们也许会付钱买一场梦，获得一次以假乱真的虚拟体验，也许我们现在就活在一场梦里！也许我们是一堆被泡在大缸里的脑子，或者活在《黑客

第6章 古来苦乐即相倚：为什么我们会在"自找苦吃"中获得愉悦

帝国》中的"母体"里。哲学家罗伯特·诺齐克（Robert Nozick）在他的作品中把这种忧虑转化成了一项能带来快乐的技术。试想一下，假设有一台"虚拟—现实转换机"，它可以带给你无穷的快乐，同时还能让你忘记自己其实是身处在机器中的虚拟世界里，你会感觉如何？你现在感觉快乐吗？也许你就身在诺齐克的奇妙机器里。

如果你的朋友雇了一大群演员来演一个他们设计好的故事，这个故事也许是惊险故事，也许是浪漫喜剧故事，而你就身在其中，这不就是"虚拟—现实转换机"的低级版本吗？你是故事的主角，但你并不自知。在故事结束时，你肯定会感到失望，但当你身处故事中时，你会有身临其境的感觉，并感到精彩异常。

不过，还有一点不容忽视，即我们从电影和书籍等媒介中获得的一些快乐，源于认识到自己正在体验的虚拟世界是别人有意识地创造出来的。

以艺术品为例。试想一下，你现在正走进一座空房子中，你来到客厅，从窗户看出去，你看到外面的草坪上有一个包着尿布的婴儿正躺在毯子上午睡。你被这个情景吸引，想要走近窗户仔细打量，却发现根本没有窗户，那只是一幅异常逼真的画而已，就像一幅错视画[①]作品一样。刹那间，情况变了。当你仔细研究这幅画时，一种由鉴赏带来的快乐油然而生：虽然画里的婴儿长得可爱极了，但你的注意力

[①] "错视画"是一种将画面的立体感与逼真性推向极致，使人产生错觉的绘画形式。——编者注

已经转移到欣赏这幅以假乱真的画上了，你已经站在了一个截然不同的、更全面的欣赏角度。

又如，试想一下，你现在坐在飞机机舱里，突然听到后座一对夫妻在小声说话。他们的对话也许很有意思，如"你是不是想去吻她？""没有啊，但我确实想过。""你这个混蛋！"；也可能像一般的日常对话一样平淡无奇，如"你下午买新灯泡回来了吗？""厨房的柜子里不是还有吗？""没有啊。""肯定有！"。

无论如何，这种对话都不是特意为你或为任何人刻意呈现的，而是真实存在的。这种对话能吸引人，完全是基于其本身。

而如果这种对话出现在街头表演中，而且这对夫妻谈论的事和你有关，那情况就变了，你会从新的角度重新看待这种对话。此时，这种对话有了重点，你会被它影响，你可能被对话中的机智与想象力折服，也可能会因为它毫无新意与粗俗不堪而失望透顶。你的这种反应和当你认为它是真实存在时做出的反应完全不同。

其实，小说也是自我表现的一种方式，我们从小说中获得的快乐来自作者的精湛技巧与巧妙构思。当我们被聪明的作者掌控，被他的小说说服、迷住或误导时，我们就能体会到快乐。

最能印证这一点的就是幽默。笑往往是由社交活动引发的，现实世界极少存在令人发笑的有趣素材。如果你看到一个人独自走着，突然他自顾自地大笑起来，那么他可能是从电话中听到了好笑的事，或

第6章 古来苦乐即相倚：为什么我们会在"自找苦吃"中获得愉悦

者是想起了一件有趣的事，也可能是他有精神分裂症。令人发笑的情况常常出现，因为人们会设计好笑的桥段，最经典的桥段可能就是一个人踩在香蕉皮上摔倒了。这个桥段的标准版本是这样的：

> 有个人边走边剥香蕉皮，随手一扔，扔在了自己身边，他不小心踩了一脚，摔了个四脚朝天。

如果你仍然没有看腻这个桥段，或演员的演技实在是好得不行，充分表现出了他摔倒时的震惊，那么这个桥段就仍然很好笑。但如果这个桥段发生在现实生活中，可能就没那么好笑了。我在蒙特利尔常看到人们在结了冰的街上摔倒，而看到的人要么迟疑不前，要么跑上去帮忙，要么走开，没有人会大笑。

当然，也许人们看到现实中有人踩到香蕉皮摔倒后也会笑，但这仅仅是因为人们本能地把这种情况视作一个无意识的低级喜剧桥段而已。

查理·卓别林曾经提出过一个香蕉皮桥段的改进版本：

> 有个人边走边剥香蕉皮，随手一扔，扔在了自己身边，他在快要踩到的时候跨了过去，于是高兴地往前继续走，但没想到掉进井里去了。

此外，还有另一个版本：

> 扔香蕉皮的人同样跨过去了，但随后就被一辆卡车撞了。

这两个版本也很好笑，一小部分原因是基于虚拟的意外死亡情节（稍后讨论），大部分原因则是由于人们被桥段的设计者忽悠住了，而笑声在某种意义上是对设计者忽悠技巧的褒奖。恐怖片中也常用到这种忽悠技巧，经典桥段就是镜头给主角一个特写，他正要打开一扇紧闭的门，此时恐怖的背景音乐响起，紧张感陡增。当主角伸手打开门时，一声巨响响起，镜头一闪而过，然后定格在一只猫身上：原来，只是一只猫而已啊！看到这里，观众会会心一笑，因为他们感受到了导演和编剧竭尽全力想要营造的氛围，他们也被这种氛围忽悠了。但在现实生活中，这样的情况几乎不会发生。

有时，人们会忘记自己看到的情节都是导演或作者有意编造出来的，从而投入电影或小说中。人们会抛开现实，沉迷于虚拟的故事情节，忘掉导演和作者的存在。其实，导演和作者是非常重要的，尤其是当演员造型不对或台词太虚假时，他们就需要出来"拨乱反正"。

虽然观众有时会过度沉迷于剧情而忘记虚拟与现实的界限，但有一点观众始终了然于心，那就是导演或编剧通过作品要表达的内容。**观众会根据自己的喜好对创作者的意图做出不同的反应。**例如，罐头笑声[①]曾经被大量应用于肥皂剧中，导演希望通过罐头笑声引导观众发现剧中的笑点，但后来观众渐渐不买账了，因为观众觉得罐头笑声太廉价、太刻意了。当然，这并不意味着观众的笑点转移了，而是他

[①] 又称背景笑声，是指在"观众应该笑"的片段插入事先录好的笑声。这种录好的笑声播出来都千篇一律，就像罐头食品吃起来总是同一种味道一样，所以被称为"罐头笑声"。——编者注

第 6 章　古来苦乐即相倚：为什么我们会在"自找苦吃"中获得愉悦

们对罐头笑声这种手法厌倦了，就像近百年来，人们对人物肖像画的口味不断改变，但对真人的审美标准并未改变一样。

在 19 世纪的法国，剧院会雇"戏托"混入人群中，引导观众大哭大笑或叫"安可"①。如今的电视剧也可以加入"罐头哭声"，比如，当观众看到垒球手脑门上插着球拍碎片被抬进急诊室时，背景音乐可以变为一声低声呜咽，然后渐渐转变为一阵哭泣声。当然，观众在一开始可能会觉得这种罐头哭声有些奇怪，会分散他们的注意力，但一旦普及开来，观众就会渐渐习惯。久而久之，观众可能反倒认为没有罐头哭声的电视剧不好看。

作家史蒂芬·约翰逊（Steven Johnson）②在他的《坏事变好事》（*Everything Bad is Good for You*）一书中，从宏观上描述了人类偏好的变化。他指出，现在的人看二三十年前的电视剧一定会觉得很无趣，因为当时的电视剧普遍节奏缓慢、剧情简单而又拖沓，时不时还会冒出很刺耳的罐头笑声。如今，人们喜欢的电视剧是非线性叙事结构的，有多条故事线交织缠绕在一起，台词既具有现实意义又能引人思考，如经典美剧《24 小时》。约翰逊认为，观众的口味变化体现了人类的智力在不断提升。但在我看来，这种变化与智力无关，只是人们对电视剧的品味提高了而已，同时，人们的专业知识水平会影响其品味。

---

① Encore 的音译，意思是要求再唱或再演等。——编者注
② 著名科普作家，被称为"科技界的达尔文"。约翰逊在《伟大创意的诞生》一书中，探讨了人类重要发明的创新史，揭示了创新的 7 大关键模式。该书中文简体字版已由湛庐引进。——编者注

当人们觉得一本小说好看时，这其实就是对作者的认可，人们认为作品可以反映作者的智慧、知识渊博和风趣。就像前文提到的音乐、绘画和体育运动等自我表现方式一样，小说这种自我表现方式也能给人提供快乐。**此外，人与人之间的亲密感也会影响人们获得快乐。**例如，孩子喜欢听妈妈讲故事，并不是因为他们多么喜欢故事的内容，而是他们享受与妈妈待在一起的亲密感。

文学家约瑟夫·卡罗尔（Joseph Carroll）曾用一个虚拟的案例说明了读者与作者的亲密关系是如何影响读者对作品的看法的。他假设，如果有一天，狄更斯小说中的大卫·科波菲尔发现了已故父亲留下的一摞书，那么科波菲尔会有什么感受呢？卡罗尔认为会是这样的：科波菲尔从这些书中获得的不仅是精神上的安慰，也不仅是如愿以偿的幸福感，而是他能通过这些书进一步了解父亲，进而感受父亲的人生。

安全感与快乐

亲身经历某件事与通过影视剧等媒介了解某件事是完全不同的，它们各自带来的快乐也不同。一旦你知道自己并不是亲身经历某事，而是通过一定的媒介获得间接体验，你悬着的心就会放下来，你会觉得这种体验是安全的，至少比亲身经历一次要安全得多。

这里的"安全"到底是什么意思呢？主要有3层意思。

第6章 古来苦乐即相倚：为什么我们会在"自找苦吃"中获得愉悦

第一层肯定是字面上的意思，即人不会受到任何伤害。在现实生活中，围观别人打群架可能会被殃及，偷听别人讲话可能会被发现，彼此很尴尬，但将这些体验放到电影或书中，观众或读者就不用担心了。上一章结尾处提到了偷窥，在虚拟体验中，偷窥者不用担心自己会被抓住，可以正大光明地偷窥。观众在看电影时可以肆无忌惮地看主角的脸与身体，而不用像在现实中那样担心被看的人会生气。另外，在虚拟体验中，你可以一直盯着别人的眼睛看，而不用担心被那个人瞪一眼。

第二层意思是，演员与其他观众也不会受到任何伤害。在虚拟体验中，人们会将虚拟的事物当真，所以当观众看到不幸即将发生在主角身上时，他们会烦躁不安。然而，这种不安会立刻被理智冲淡，因为观众知道并没有真实的人会受到伤害，这也大大降低了身临其境的可能性。

第三层意思是，情节安排都有迹可循。除非你相信万事都是注定的、事事都有意义，否则，现实生活中的很多事情都是没有道理可言的。例如，某天一大早你被电话铃声吵醒，却发现对方打错了，你只会觉得自己真倒霉，仅此而已。又如，就算你看到有一把枪在你的身边，它也不可能无缘无故朝你开火。然而，电影和小说中则有很多出人意料的事。在电影中，如果一阵电话铃声在半夜把主角吵醒了，那么不可能仅仅是有人打错了，肯定有后续故事。例如，主角后来就睡不着了，起身去厕所，看着镜子中的自己，忽然感悟到原来自己的爱人从来没有爱过自己。

通常，吃喝拉撒睡、收邮件、看电视等现实生活中的日常琐事不会成为电影的重要桥段，因为大多数时候，它们对表达导演的意图并无太大的帮助。因此，观众在看电影或小说时养成了一个习惯，即他们将所有出现的细节都视为有目的的安排，正是这种习惯影响了观众的偏好。

可惜，这种习惯也剥夺了一部分看电影的乐趣，使观影体验太过无趣。比如，詹姆斯·邦德在阿尔巴尼亚贫民窟追踪一名美艳的丹麦女刺客时，他在屋顶间急速奔跑、跳跃。这很好看，但有点让人提不起劲儿，因为任何一个看过"007"系列电影的人都知道，邦德绝对不会失足从屋顶上掉下来，他是万能的，这一切都在预料之中。如果把故事情节改成邦德在屋顶奔跑时不小心踩到香蕉皮，然后惨叫着摔到地上，那么一定会让观众的愉悦感倍增。

不过，观众都非常清楚，这样的改编不太可能会出现在电影中，因此观影的刺激与愉悦感就大大减少了。所以，这也就是为什么孩子比成年人更能从电影中体会到快乐，因为他们很少对电影情节进行设定。

为什么孩子比成年人更能体会到快乐

和成年人一样，在听到"很久很久以前……"后，孩子会在头脑

第 6 章 古来苦乐即相倚：为什么我们会在"自找苦吃"中获得愉悦

中进行"转换"，他们懂得分辨虚拟与现实，如他们知道了蝙蝠侠根本不存在，而他们的好朋友是真实存在的；故事书中疯狂的事情不会发生在现实生活中；鬼怪与巫婆是杜撰出来的，而狗、马、熊等动物是真实存在的。

我与一些心理学家做了一系列实验，来检测孩子分辨虚拟与现实的能力。**我们发现，孩子的分辨力和成年人不相上下，他们也能理解虚拟世界不是单一的，而是多种多样的**。现实与虚拟都具有非常复杂的多重性，除了现实世界，还存在很多虚拟世界，且彼此独立，如蝙蝠侠及其助手罗宾、哈姆雷特以及剧集《黑道家族》展现的黑道世家就处于彼此独立的虚拟世界中。当然，这些虚拟世界也会发生交叉，如《黑道家族》中的人物和蝙蝠侠可能会同时出现，但这种交叉并不是实质性的，蝙蝠侠仍然是作为一种虚拟形象出现在《黑道家族》的世界中，如其中某个角色刚好喜欢看《蝙蝠侠》电影。

我们通过实验发现，4 岁左右的孩子已经能理解这种多重性了。他们理解蝙蝠侠、罗宾与海绵宝宝都是虚构的角色；他们也知道，对蝙蝠侠来说，罗宾是真实存在的（因为他们处于同一个虚拟世界中），而海绵宝宝是虚构的（因为他们处于不同的虚拟世界中）。

通常，孩子比成年人更有想象力，但他们也因此更容易受到刺激。究其原因，是人的大脑在作怪。就像我反复强调的，人类的大脑对虚拟与现实并不在乎，就像即使读者知道小说中发生的枪战并不会波及他们，他们仍然会焦虑不安。前文曾探讨了虚拟体验令人产生身临其境感的作用，接下来我们来做个实验。

科学实验室 找你爱的人来做这个实验。在开始前，你先跟他解释你接下来要做的事都是为了实验，都不是真的。如果他不相信，请你把这一页拿给他看。然后，你对着他大喊："我恨你，你去死！"我想，无论是你还是你爱的人，都会感到很不舒服，即使你们明知道这只是实验而已。

与此同理但方式相反的例子就是，一些演员很容易假戏真做，即在戏里是情侣，戏外也发展出了真实的恋情。再比如，有些治疗师会让抑郁患者想象自己其实是很快乐、很幸福的，然后利用这种心情缓解病症。此外，对着镜子微笑，也能让自己心情变好。这些都是身临其境感的功劳。

对孩子来说，身临其境感更容易体会到。如果把上述实验的被试换成一个5岁的孩子，那么即使你事先反复和他说接下来的一切都是假的，然后你冲他大喊，他仍然会觉得自己受到了伤害。孩子可以理解虚拟体验，但他们比成年人更容易受到虚拟体验的影响，对他们来说，虚拟的伤害会变成真实的精神伤害。

科学实验室 有些心理学家做了一个相对温和的实验，用以佐证上述结论。心理学家给孩子们看一个空箱子，并让他们想象，假设空箱子里藏着一只怪物。随后，当被问到谁愿意把手伸进箱子里时，孩子们都拒绝了。这并不是说他们真的以为箱子里有怪物，而是他们想象力的作用太强烈了，以至于他们不敢把手伸进去。正因为孩子比成年人更容易被想象力左右，所以家长才不让孩子看恐怖片，因为孩子很可能会做噩梦。

第 6 章 古来苦乐即相倚：为什么我们会在"自找苦吃"中获得愉悦

在想象力方面，孩子与成年人只存在程度上的差异，而在本质上并无差异。如果让成年人把手放到箱子里，他们也一定会犹豫片刻。同样，成年人不会吃形状像排泄物的软糖，不会用新便盆盛水喝，也不会喝贴着"毒药"标签的矿泉水。

此外，孩子对故事情节的发展并没有固定的认识。

科学实验室
HOW PLEASURE WORKS

我与 3 位心理学家曾一起做了一项实验，我们给一群学龄前的孩子讲了一个故事的开头，让他们根据自己的想法接下去。这个开头有时很现实，如有个小男孩正骑着自行车；有时带有幻想色彩，如有个小男孩有隐身的特异功能。我们原以为会出现两种情况：一种是孩子们会和成年人一样，为现实版开头续一个现实的结尾，为幻想版开头续一个天马行空的结尾；另一种是，由于孩子想象力非凡，他们会给两个版本都续上天马行空的结尾。但出乎我们意料的是，孩子们表现出对幻想的抗拒，为两个版本都续上了现实的结尾。

这有一个好处，就是孩子们在看电影或读小说时，会比成年人收获更多的惊喜感。

几年前，我和家人一起看电影《威鲸闯天关 2》(*Free Willy 2*)，当时我的儿子扎卡里只有 5 岁。当剧情发展到主角被困在一艘不断下沉的木筏上时，扎卡里变得焦虑不安，并小声嘟囔着说主角会被淹死。我说不可能，他问我我是怎么知道的，我回答说因为我知道按照这类合家欢电影的叙事套路，导演是不可能让可爱的主角半途死掉的。事实证明确实如此,而扎卡里在长大后也慢慢懂得了这个套路。

也是在那一年,我们一起到家附近的小河划船,结果不小心翻船了。扎卡里惊恐地大喊大叫,说我们会被淹死的。我们当然没有被淹死,因为那条河不足一米深,而且我们都穿着救生衣。但在那种情境下,他说的话有可能成真。

生活并不是一部以大团圆为结局的电影,在现实中,可爱的"主角"真有可能会被淹死。

恐惧和悲痛会带来愉悦感

在前文中,我们提到了通过媒介间接体验某件事的"安全"所包含的 3 层意思,那么安全感是如何影响人的虚拟体验的呢?

首先,它能让观众从角色的痛苦与死亡中获得愉悦感。例如,观众看到喜剧片中的主角走着走着不小心掉到井里了,他们会哈哈大笑,因为他们不用担心主角会死掉或摔成残疾,也不用担心主角妻儿以后的生活,因为他们都明白,这个角色是虚拟的,根本不存在。

这种情况在电子游戏中更普遍。电子游戏通常都会为玩家提供模拟环境,让玩家从中得到快乐,最典型的就是飞行或飞车游戏,玩家

第 6 章 古来苦乐即相倚：为什么我们会在"自找苦吃"中获得愉悦

能从中体会到在现实中体会不到的极速快乐。在玩电子游戏时，玩家会进入一个充满刺激的虚拟世界，在这个世界中，无论玩家做什么，都会让他血脉偾张，而且不必负任何责任。打怪游戏就是一个典型的例子，玩家在游戏中会为了保护世界而大开杀戒，如杀外星人以及僵尸等。

电子游戏满足了人类内心黑暗的一面，为玩家提供了在现实中无法得到的"黑暗"快乐。在玩游戏时，绝大多数玩家都经历过开枪杀死队友、开车撞死路人，甚至用飞机撞倒摩天大楼的情形。

有一次，我和孩子们一起玩《模拟人生》(*The Sims*)游戏，我们在游戏中俘房了一个"人"，后来我们虐待他，不让他吃饭喝水，也不让他睡觉。几天后，我们眼睁睁地看着他尖叫崩溃、哭着求饶。当他终于死去后，我们都欢呼不已。

还有更黑暗的游戏，如《侠盗猎车》(*Grand Theft Auto*)、《电车之狼 R》(*Rape Lay*)等。也许有人会问：为什么会有人喜欢玩这些游戏？在我看来，主要原因是这些游戏能提供一种安全感。在游戏中，玩家不会受伤，不用负法律责任，也不用担心对真人造成伤害。这为玩家提供了体验人性中的黑暗快乐的机会，这种机会在现实生活中是无法获得的。

其次，安全感能帮助人们解答存在于虚拟快乐方面的、长久以来无法弄清楚的谜团。早在 1757 年，休谟就已经提到了这个谜团：

观众在欣赏一部精彩的悲剧时，能从中感受到悲伤、恐惧、焦虑以及其他负面情绪，而让人无法理解的是，观众居然能从中获得愉悦感。越是被情节触动，越容易从中获得愉悦感，这种愉悦感与被触动的程度成正比。当观众因为剧情而流泪、啜泣、悲伤、豁然开朗或满怀同情时，他们获得的愉悦感就达到了顶峰。

显然，休谟对观众能从悲剧中获得愉悦感迷惑不解，因为从悲剧中获得的负面情绪，如悲伤、恐惧以及焦虑等，都是人们在日常生活中竭力避免的情绪，而观众的愉悦感居然与这些情绪的程度成正比。

哲学家诺埃尔·卡罗尔提出了一个理论，以解释这个谜团，即"恐惧悖论"。与悲剧不同的是，恐怖片通常没有救赎的情节，也没有引人深思的内涵，但人们仍然喜欢看。在美国，一旦有恐怖片上映，电影院外面总会排起长长的队伍，而观众排队等候的目的就是去看僵尸、挥舞斧头乱砍的精神病患者、穷凶极恶的外星人吃人或杀人等情节，再比如表现残忍虐待情节的恐怖片，如《人皮客栈》和《电锯惊魂》。当然，有些恐怖片并没有明确的定位，可能会在影片中安插离婚女性重拾真爱等情节，也可能会有滑稽可笑的搞笑桥段。

我们要探讨的并不是人们克服恐怖片中的死亡与痛苦等负面情绪的能力，而是为什么人们能从中获得愉悦感。《黑色星期五》中的主角杰森如果拿棒球球棒而非利刃到处袭击人，那么这部电影可能就不会卖座了。同样，如果《哈姆雷特》中的主角没有纠结痛苦的经历，而是幸福快乐地过一辈子，那么这出悲剧可能根本不会流传至今。人

第 6 章 古来苦乐即相倚：为什么我们会在"自找苦吃"中获得愉悦

们喜欢恐怖片，其原因就在于它们够恐怖：越恐怖，观众越喜欢看。如果休谟活到今天，他可能会说："负面情绪不是可有可无、小打小闹的点缀，它造就了一种电影类型。"

当然，对恐怖片感兴趣并不意味着人们的品味低下。《纽约时报》曾刊文讨论戏剧《摧毁》(*Blasted*)，这部戏剧当时场场爆满，好评如潮。文章提到了剧中的一场戏：一个男性对另一个男性实施了种种暴行。去看这部剧的观众大多是年龄偏大、久经世故、生活富裕的人。在现实生活中，他们根本不会像剧中的角色一样对年轻男孩施虐，但如果该剧减少了暴行与施虐的情节，估计它就不会那么受欢迎了。

我们可以用弗洛伊德的一个理论来解释这种现象。这个理论最早是由亚里士多德提出的，后来被弗洛伊德完善，那就是宣泄理论。该理论认为，某些特定的事件能为人提供心理净化过程，通过这个过程，人的恐惧、焦虑以及悲伤等情绪能够得到释放，内心会变得平和、冷静和纯粹。根据这个理论，人们愿意接受恐怖片等让人不快的体验，原因在于人们想让负面情绪得到释放。

我认为，释放有时的确可能会发生，如有些人声称自己在大哭一场后心情会变得平静，不过，宣泄理论却没有充分的科学依据。而且，经历负面情绪并不能起到宣泄的作用。有研究认为，看恐怖片并不能让人心情平和，反而可能会激发人们强烈的心理活动，就像观众不会在看完恐怖片后感觉有安全感，也不会在看完悲剧后感觉很激动。人在接触负面情绪后，心情通常只会变得更糟，而不是更好。因此，我们不能把恐怖片与悲剧带来的愉悦感视为观众观影后发自内心的幸福感。

为最糟糕的事做好准备

接下来,我们来探讨另一个谜团:为什么包括人类在内的所有动物在幼年时都热衷于打打闹闹?比如,为什么儿童会乐此不疲地相互扭打、推搡和碰撞呢?他们这么做肯定不是为了练肌肉,因为如果要练肌肉,做俯卧撑和仰卧起坐会更有效;当然也不是因为他们生性残忍或有受虐倾向,因为打打闹闹的乐趣绝不在于互相伤害。

实际上,这种打闹是为了训练生存技能。格斗是非常有效的生存技能,而打闹能帮助年幼的动物训练这种技能,且若能勤加练习,定能熟能生巧。不过,一旦在格斗中输了,就会付出很大代价,如导致残疾或被杀,而即使在格斗中获胜了,也有可能浑身伤痕累累。动物为了安全有效地掌握这种技能,于是发展出了打闹这种行为:在同胞与伙伴之间练习各种格斗技巧的同时,又不至于伤害彼此。

总的来说,打闹是一种安全的训练方式。为了熟能生巧,人们必须不断练习,但在现实生活中,练习某一种技能也许会付出很大代价,于是人们就想出了用打闹来替代,从而训练自己的生理技能、社交技能以及情绪管理能力等。例如,体育运动是用来训练生理技能的,智力游戏是用来训练思维能力的,故事与白日梦是用来训练社会生存能力的。通过这些替代性游戏,人们可以安全有效地学习应对各种情况。

打闹其实就是现实中血腥格斗的一种模拟,当然,虚拟体验中也

第 6 章　古来苦乐即相倚：为什么我们会在"自找苦吃"中获得愉悦

包含很多现实中的负面情绪，有些负面情绪是人们在现实中避之不及的。就像作家斯蒂芬·金（Stephen King）所说的，人们编造恐怖小说是为了帮助自己应对现实中的恐惧，是"应对困境的一种艰难的心理建设"。

人们借助虚拟体验，为现实中的困境与不幸做好心理准备，虚拟体验的具体细节往往无关紧要。例如，人们喜欢看僵尸片并不是为了应对僵尸，因为现实中不可能会出现；人们喜欢看俄狄浦斯的故事也不是因为现实中出现了杀父娶母之类的事。

人们愿意经历虚拟体验，是因为它能帮助人们在生活一团糟时渡过难关。从这个角度来说，人们喜欢看僵尸片并不是为了对付僵尸，而是因为僵尸题材能很好地影射现实中可能会出现的攻击或背叛。通过看电影，人们可以为日后可能出现的意外事件做好心理准备，如被陌生人攻击或被爱人背叛。

当然，看恐怖片仅仅只是一种训练方法。有些人不喜欢看恐怖片，就像有些人小时候从来没有和同伴打打闹闹过一样。其实还有其他训练方式，每个人可以按照自己的偏好各取所需。例如，有些人可能不喜欢看《电锯杀手3》，却喜欢看《母女情深》或《意外的春天》（*The Sweet Hereafter*），通过片中母亲因癌症去世或孩子因交通事故意外死亡的情节为生活中的生离死别做心理准备。

再比如，有人也许会在交通事故现场驻足，呆呆地看着眼前发生的事故。柏拉图在《理想国》中提到了类似的例子：

莱昂提乌斯在雅典看到一排尸体，是一群刚刚被处决的人。他很想停下来看一下，但想了想还是走开了。他内心非常挣扎，最终还是走回来仔细看了看，他对自己的眼睛说："混账东西，把这种美景看个饱吧！"

虽然尸体都是真实存在的，但隔着一定的距离看一眼仍然很安全。看尸体的冲动其实就是人们为流血与死亡所做的心理准备。

罗津还举了一些良性受虐的例子，在这些例子中，人们自愿经历一定程度的痛苦。例如，有的人会从吃辣椒以及喝黑咖啡中获得愉悦感，有的人会选择洗水温很高的热水澡或坐过山车，甚至会对自己实施一定的生理折磨，如用舌头抵住发炎的牙齿或稍稍用力地按扭伤的脚踝。

这种良性受虐也是一种安全的训练方式吗？不太可能，因为吃辣椒或洗水温很高的热水澡好像无法提供某种心理准备，罗津举的例子也许可以从更实用的角度来解释。有这么一个笑话，一个傻子一直用头撞墙，别人问他为什么这么做，他回答说："因为一旦我停下来不撞墙，那么那种感觉就太好了。"

也许在罗津举的例子中，人们就是为了追求这种效果：一开始体验痛苦都是为了之后获得更大的愉悦感。比如，人们喜欢洗水温很高的热水澡，原因在于身体适应热水后的愉悦感远超一开始接触热水的灼热感。

第 6 章　古来苦乐即相倚：为什么我们会在"自找苦吃"中获得愉悦

主动选择痛苦

接下来，我们来讨论受虐狂，相较而言，恐怖电影迷或辣椒"达人"和他们比起来可谓小巫见大巫。

关于受虐狂的成因有多种解释。有人认为，受虐狂厌倦了生活中的平淡无奇，只有由恐惧与痛苦导致的肾上腺素激升才能带给他们愉悦感。也有人认为，受虐狂是在向身边的人传达一种信号，即告诉他人自己内心极度的痛苦、绝望。还有人猜测，受虐带来新的痛苦能让人暂时忘记旧的痛苦，时间一长，人就能从中获得愉悦感。这仿佛是洗水温很高的热水澡理论的极端版本。

在我看来，受虐也许是一种自我惩罚。"**惩罚**"**是人类在孩童期就产生的一个概念，且普遍存在**。我曾和两位心理学家一起做了一项实验，结果发现，孩子在 2 岁左右就理解惩罚了，比如，他们会拿走偷玩具熊的孩子的点心。无论是在实验室还是在现实生活中，很多证据都证明成年人会实施"利他惩罚"，即人们会不惜付出个人成本，如自掏腰包，"惩罚"某个为非作歹的人。弗洛伊德认为，受虐是一种指向自己的虐待，这种观点也可以套用在受虐狂身上：受虐狂也许是在进行自我惩罚。

"哈利·波特"系列中的家养小精灵多比就是一个典型的例子。多比每次做错事后，他都会实施自我惩罚："哦，不，不，先生，不……多比下次来看您时会对自己实施更严厉的惩罚。多比会把耳朵夹在微波炉的门上。"

这并不仅仅是虚拟的情节，现实中也的确存在。在一项实验中，研究人员让大学生电击自己，结果发现，这些大学生在想到自己曾做过的错事时会增加电击强度。

受虐狂与良性受虐有一个共性：二者都需要当事人自己控制痛苦的强度。爱吃辣椒的人会根据自己对辣的接受度选择辣椒的品种；恐怖电影迷会根据自己的喜好选择恐怖片，他们在看不下去时可以闭上眼或转过头去。

法国哲学家吉尔·德勒兹（Gilles Deleuze）认为，受虐并不带有痛苦与羞辱，而是带有悬念和幻想色彩。在我看来，他的观点部分是正确的，部分值得商榷。**受虐的愉悦感与一般的愉悦感不同，因为受虐是可控的。**

白日梦就是快乐的演练场

人们的思维一直处于"游荡"之中。当人们失神时，总是会东想西想，如回味过去、策划旅行、幻想自己正虚心接受奖励、幻想自己赢得辩论、幻想和心爱的人缠绵一番或幻想拯救世界。我们很难精确地统计人在一生中会花多少时间在做白日梦上。

第6章 古来苦乐即相倚：为什么我们会在"自找苦吃"中获得愉悦

科学实验室
HOW PLEASURE WORKS

心理学家曾做过一系列实验来测试人们花在白日梦上的时间。他们随机抽查被试，然后询问被试在被抽查的当下在做什么，结果发现，醒着时，被试大概有一半的时间都在做白日梦。

另一项实验则是通过反复检测被试的大脑活动来观察做白日梦的机制。结果研究人员发现，当被试在做白日梦时，他们大脑中的一个区域非常活跃，研究人员称为"白日梦控制区"，而且这个区域处于默认状态。也就是说，只有当人们从事需要专心致志的工作时，"白日梦控制区"才会停止运作，否则它会一直运作。

创造虚拟世界是做白日梦的重要内容。你可以想象自己身处丛林，或在海边漫步，抑或是在天空中翱翔。你可以是虚拟世界的建造师，也可以通过创造虚拟人物成为一名导演或编剧。在虚拟世界中，虚拟的人物可以和你交流、合作和相处。最极端的例子要数精神分裂症患者了，他们会不由自主地创造虚拟存在，并相信它们都是真实的，例如，他们可能会声称自己听到了魔鬼的声音，接收到了外星人的信号，或与特工打过交道。而对正常人来说，这些虚拟存在是可以控制的，而且人们也明确地知道它们是自己假想出来的，如有些优秀的演说家会对着想象出来的人物进行演练。

这些想象出来的虚拟存在有时会从临时存在变为长期存在，这一现象在孩子身上比较常见，心理学家将其称为"虚拟伙伴"或"虚拟朋友"。心理学家玛乔丽·泰勒是这方面的权威研究专家，她认为，人们往往会认为这样的孩子心理不健康，但事实上，这些孩子比其他的孩子更擅长社交，而且，他们还非常清楚虚拟伙伴仅存在于想象世界中，他们并没有被想象力所迷惑。

虽然这种现象在成年人身上并不常见，但并不是没有。泰勒发现，作家在进行创作时会认为贯穿小说始终的角色有特殊的性格，这些角色能代替作家掌控自己的命运。

做白日梦能给人带来很多好处。人类自身具有良好的控制能力，因此，白日梦成了演练场，人们可以借由想象世界为现实中可能会经历的痛苦做好心理准备。很多白日梦的内容带有受虐性质，比如，人们会幻想失败、被羞辱或爱人死亡等。还有一些白日梦则是模拟现实生活中的幸福快乐，人们通过想象美好的时光来获得快乐。做白日梦时，人们其实就像在脑中播放一部只有自己看得到的电影，在这部电影里，自己就是主角，而且没有预算限制，自己可以自由选角，在细节上可以做到精致无比，还不用送审。

既然白日梦有这么多好处，那么，为什么人们还要活在现实中呢？为什么人们想要从白日梦之外的想象形式中获得快乐呢？以及为什么人们会追求真实的快乐呢？原因主要有以下几点。

首先，白日梦仅存在于人类的大脑中，不如外来的感官刺激生动形象。例如，你可以先想象一下自己不小心咬掉了舌头，记住这个想象出来的画面，然后将其与某部电影中类似的情节进行比较，你会发现电影比较有震撼力。屏幕上出现的影像更能激起人类的欲望、恐惧感或反胃感，因为外来的刺激比大脑中生成的想象更强烈。

第 6 章　古来苦乐即相倚：为什么我们会在"自找苦吃"中获得愉悦

其次，做白日梦时，人自身是导演兼编剧，但这并不是一件好事，因为谈及编导的能力，大多数人肯定比不过专业人士。斯蒂芬·斯皮尔伯格与佩德罗·阿莫多瓦（Pedro Almodóvar）肯定比我们更擅长导戏，科恩兄弟（Coen Brothers）肯定比我们更擅长编剧本，而莎士比亚肯定比我们更擅长写戏剧。这些专业人士往往比我们更有创作能力，能想出我们想不出来的好点子。

最后，人们做白日梦时往往随心所欲，因此白日梦带来的快乐会因缺乏节制而被削弱。带有受虐色彩的白日梦不太可能真的吓到人，而模拟现实的白日梦也不太可能带来如现实中那样的快乐。因为在现实中，快乐总是出人意料的，且总是存在失控的风险，而在做白日梦时，人们可以操控快乐往某一个方向发展。在白日梦中，人是万能的，无往不利，这种不受节制的"成功"带来的快乐过于廉价。

在电视剧《阴阳魔界》（Twilight Zone）中，一个作恶多端的暴徒死后，发现自己来到了一个地方，在那里，所有的愿望都能成真，他想自己肯定是到了天堂。一开始，他过得非常幸福，但时间一长，他开始变得厌烦与沮丧。一个月后，他和引导他来的使者说："你看，我根本就不是上天堂的料，我还是去地狱吧！"使者回答说："谁告诉你这里是天堂的？这里就是地狱啊！"

实际上，做白日梦和做梦根本不是一回事。在梦中，人们是无法控制梦境的。也就是说，做梦比做白日梦更能带给人快乐，做噩梦通常也比做带有受虐色彩的白日梦更吓人。

接下来，我来介绍两种改良白日梦及增加快乐的方法。

第一，和朋友一起做白日梦。多了一个朋友之后，你就无法随心所欲了，必须顾及朋友的兴趣与偏好，这大大增加了不可控性，也增加了快乐。同时，朋友也能想出一些你想不到的好点子，同样能增加快乐。

第二，玩游戏。无论是玩模拟现实的极速赛车游戏或飞行游戏，还是玩完全虚拟的《魔兽世界》，你都会暂时脱离现实世界，进入设定好的虚拟世界中。游戏中存在各种各样的规则与限制，你不可能随心所欲，也不可能无往不利。而且，游戏中还会出现你想象不到的任务或事件，这种不确定性会增加快乐。

现在，玩电子游戏的人越来越多，虚拟的游戏世界也越来越广阔，越来越复杂。有些人沉迷于游戏，把大部分时间都花在游戏。随着科技越来越发达，沉迷游戏的人会越来越多。

有位心理学家曾让她的助手去研究电子游戏中的虚拟世界到底是如何运作的，以及玩家在虚拟世界中又是如何表现的，结果，这位助手在一头扎入游戏世界后，完全沉迷其中。

由以上可以看出，想象力改变了人们的现实生活，人们利用想象力制订计划、理解他人、获得快乐。通过想象，人们可以经历在现实中不可能发生的事，可以构筑自己心仪的虚拟世界，也可以为在现实中可能会经历的各种不快提前做好心理准备。

第6章 古来苦乐即相倚：为什么我们会在"自找苦吃"中获得愉悦

未来，想象力将会发挥更大的作用。虚拟世界将会不断扩展，几个朋友一起做白日梦也会变得越来越有吸引力。随着科技的进步，现实与虚拟的界限将逐渐变得更加模糊。

不过，想象力并不是万能的。人类的野心与欲望不仅超出了现实体验，也超越了想象力的作用范围。例如，马拉松选手不可能用想象替代实战训练，真实的飞行体验优于模拟飞行，真实的交谈同样优于看电视中的角色侃侃而谈。所以说，想象力带来的快乐仅仅是生活的一部分而已。

结　语

深度愉悦：探寻更深刻、更复杂的本质

在人类历史上，大多数时间都是没有电视、网络以及书籍的，人类的祖先也不知道麦当劳、避孕药、整形手术、核武器、闹钟、荧光灯、亲子鉴定以及法律条文，以前的人口总量也没有如今这么多。

我们的心理状态还停留在石器时代，但身处的世界早已现代化，这种错位给我们带来了诸多不幸。以饮食为例，在人类历史中的绝大多数时候，食物都是紧缺的，即使是在几百年前的欧洲，购买食物的支出仍然占到普通家庭所有支出的一半以上。可即便如此，人们得到的食物也是有限的。举个例子，一个18世纪的法国人的日常热量摄入量与现在一个营养不良的非洲难民的热量摄入量是一样的。因此在过去，比较明智的做法就是在有食物时尽量吃，将脂肪储存起来，而如果有人有机会吃到甜甜的水果或新鲜的肉类，他却不饱餐一顿，那么这种行为无异于自杀。现代人不必如此，因为现在的食物价格低廉、数量充足、制作精良、口味上佳，大多数人看到了都想大快朵颐一番。

还有一个例子也能说明这种错位,就是如何应对陌生人的侮辱与挑衅。如果在高速公路上遭遇别人的粗鲁对待,或者在网上收到猥琐评论,最好的应对方式是视而不见,因为现代社会不同于每天都面对着同一群熟人的原始社会,陌生人对你的影响往往微乎其微。可惜,我们的思维没有进化到这种程度,我们仍然很在乎别人怎么看我们,也会纠结于那些恶意中伤会不会对我们的名誉产生不利影响,尽管我们根本不用如此担忧。这也许就是我们会有路怒症、会打口水仗的原因。

人类是在有飞禽走兽、树木植被、崇山峻岭的环境中进化而来的,大自然给了人类快乐与满足,而现代人却将这些都遗弃了,终日生活在钢筋水泥的世界中。生物学家爱德华·威尔逊(Edward O. Wilson)[①]认为,远离大自然对人的灵魂是有害的,"如果我们远离大自然,那我们也在远离天堂"。多项研究表明,即使是稍稍"接近"大自然,如站在窗边远眺一会儿,也有益于身体健康。**多接触大自然,患者会更快痊愈,囚犯会少生病;而多和宠物接触,孤独症儿童和阿尔茨海默病患者会活得更好。**

这些错位既有意思又很重要,也是很多进化心理学研究与推论的核心。不过,很多学者忘记了一点:我们并不是事不关己的旁观者,

[①] 社会生物学之父,哈佛大学荣誉教授。威尔逊在《创造的本源》中提出了"重振哲学"这一宏伟命题,并向读者解释了创造的本质。他在《人类存在的意义》中,从个体选择和群体选择的角度,解释了人性本身包含的自私和利他共生的特点。这两书的中文简体字版均已由湛庐引进。——编者注

也不是被扔进心理学家所造迷宫里的老鼠，更不是马戏团里的大象。事实上，是我们自己造就了这个反常的世界，创造出了"巨无霸"汉堡、奶油蛋糕、高速公路、互联网、摩天大楼、政府、宗教以及法律。

到目前为止，我们已经探讨了人们的快乐来源及原因，接下来，我想谈谈快乐的内在本质以及它对世界的影响。

进化的本能只会要求自我满足，而非自我优化

作家亚瑟·库斯勒（Arthur Koestler）提到过一个12岁小女孩的故事，这个小女孩是他朋友的女儿。

在这个小女孩参观伦敦的格林尼治博物馆后，有人问她里面最美丽的东西是什么，她说"是海军上将纳尔逊[①]将军的衬衫"，因为"那件带血的衬衫很好看。想象一下，那可是真的血，真的衬衫，而且属于一个真实存在的历史人物啊"。

库斯勒感叹道："就算我们能逃脱地心引力，也无法逃脱人们心里

[①] 指霍雷肖·纳尔逊（Horatio Nelson），英国海军的传奇人物，被誉为"英国皇家海军之魂"。——编者注

的'魔法'。"这里的"魔法"另有所指，它暗示着人们的非理性。这无可厚非，就像人们因为某把椅子特别舒服而喜欢那把椅子，或因为某幅画特别漂亮而喜欢那幅画一样，都有其合理性。然而，如果我们喜欢某样东西，如刚才提到的那件衬衫，既不是出于它的实用价值，也不是出于它的经济价值，而仅仅是出于它的历史和内在本质，这听上去有些怪异，毕竟所谓的"本质"听上去如此虚无。实际上，快乐是否会被那些或许本就虚无的因素影响，一直是个存在争论的话题。

有些心理学家认为上述例子很怪异。胡德的观点和库斯勒的观点相似，他认为，喜欢带血的衬衫这种反常的爱慕行为应该和害怕黑猫与鬼屋归到同一类，这些都极其荒唐。他在关于真迹与赝品的论述中写道："当艺评家和画廊老板在讨论一件艺术品的本质时，他们实际上在彻头彻尾地讲胡话。"胡德及其同事曾做了一项实验，通过对比注重实用价值的"理性经济决策"与完全凭感性衡量物品价值的"显著非理性判断"，来研究人们对日常物品的偏好。

其实，证明人类非理性的论断早已存在，如阿莫斯·特沃斯基（Amos Tversky）[1]与丹尼尔·卡尼曼（Daniel Kahneman）[2]的研究，卡

---

[1] 知名行为科学家、心理学家。多年来专注于人类决策领域的研究，研究方向主要集中于不确定状况下的判断、风险决策和理性选择。其经典著作《特沃斯基精要》的中文简体字版已由湛庐引进、浙江教育出版社出版。——编者注

[2] 行为经济学之父，诺贝尔经济学奖得主。卡尼曼在他和奥利维耶·西伯尼（Olivier Sibony）及卡斯·R. 桑斯坦（Cass R. Sunstein）合著的著作《噪声》中指出，噪声才是影响人类判断的黑洞，揭开了人类错误判断的真面目。该书中文简体字版已由湛庐引进、浙江教育出版社出版。——编者注

尼曼还因此获得了 2002 年诺贝尔经济学奖。他们发现，人们不擅长逻辑推论与概率推理。人们会花 99.99 美元买一套音响，但当价格标为 100 美元时，人们就不买了；人们对在室内持枪深感忧虑，但对室内游泳池的潜在危险听之任之——这可比枪危险得多。人类有缺点，这不足为奇，毕竟人类也是动物。**由于物竞天择法则，如今人们的思维会用最实用的方法来处理问题，然而，进化的本能只会不断地要求人们自我满足，而非自我优化。**人们的思维进化与现实世界出现了脱节，人们现在的思考方式不仅有缺陷，而且效率很低。

那么，人们在看待本质主义时也是如此吗？很遗憾，是的。英国曾发生过一个有趣的案例：宝洁公司为了免缴对薯片征收的增值税，声称其当时旗下的品客薯片不是薯片，因为品客薯片的马铃薯含量太低了，失去了作为薯片的"本质属性"。但英国最高法院最终驳回了这次申诉，并指出，这种咬文嚼字的把戏不适用于此情况，因为品客薯片根本没有"本质"可言。

虽然人们对本质的很多看法都是错误的，但这并不意味着人们对事物的一般本质直觉也是错误的，因为事物都有更深层次的真实性。例如，老虎并不仅是一种有特定外观的动物，还因为它有更深层次的属性，所以它才能成为老虎并区别于其他动物，这种属性和基因有关，也和老虎的进化史有关。再如，金子不仅是一种有特定颜色的物质，金子之所以成为金子，在于它特有的分子结构。同理，人类个体也有本质属性。例如，你也许很难将两个新生婴儿分辨开，但如果其中一个是你的孩子，另一个不是，那么你会很容易从他们各自身上觉察出不同的基因属性。**由此看来，本质属性确实**

存在，人们应该与之和谐相处。

不过，库斯勒提到的那个小女孩为什么在乎纳尔逊衬衫上的血呢？为什么有人会花将近 5 万美元买肯尼迪总统的卷尺呢？顺便说一句，买那把卷尺的人名叫胡安·莫利纽克斯（Juan Molyneux），他是一位室内设计师，他说："我买到这把卷尺后做的第一件事，就是用它来量我的理智还剩多少。"

其实，莫利纽克斯不必过分苛求自己。如果他买这把卷尺是因为他相信上面附有某种魔力，那么他就大错特错了。而如果他真心喜欢这把卷尺，觉得拥有肯尼迪用过的卷尺很酷，那就仅仅是个人品味问题了。这就像我喜欢巧克力味，你喜欢香草味一样，虽然我们的口味不同，但都是合理的。同样，如果张三喜欢这把卷尺是基于它的实用价值，而李四喜欢它是基于它的历史，那么不能说张三的选择一定比李四明智、合理和理性，反之亦然。

我不能说这些人在做出选择时犯了错误，因为这些只是他们的不同偏好而已，无所谓优劣与对错。不妨再想象一下，如果有一种智慧生物的大脑结构和人类的完全不同，他们不像人类一样是天生的本质主义者，对事物的内在本质也毫不关心，那么他们可能无法体验让人类孜孜以求的各种快乐。比如，他们不会像人类一样收集签名或纪念品，他们的孩子也不会像人类的孩子一样有自己的安全毯。他们也无法从艺术或虚拟世界中获得乐趣，甚至无法理解受虐倾向，因为他们对事物背后的创造性毫不关心。这样的智慧生物并不比人类聪明、理性，也不比人类愚蠢、盲目，他们只是与人类完全不同而已。

结　语　深度愉悦：探寻更深刻、更复杂的本质

　　评价快乐的标准多种多样，但我认为，这和对或错、理性或感性无关，而与道德与否有关。有些快乐在道德层面是错误的，会导致整个人类群体受损，如暴饮暴食或抢别人的食物，这些贪婪的行为都是不道德的，应该被禁止。

　　人类是天生的本质主义者，而有些本质主义观点却将人们引向了不道德。**本质主义的观点让人们更注重物质对象，而不是人类需求。**经济学家罗伯特·弗兰克（Robert Frank）[1]、理查德·莱亚德（Richard Layard）[2]以及进化心理学家杰弗里·米勒都曾指出，人们对奢侈品的过分追求损害了整个社会的利益，也增加了社会成本。如果人们不买奢侈品，人类社会会变得更好。一些哲学家更是尖锐地指出，人们宁可花大钱买昂贵的衣服与汽车，也不愿意把钱花在救助快要饿死的儿童身上。

　　人类如果不迷信本质主义，可能就会减少花在物质上的精力，而将更多的精力放在人类本身上。也许，这就是快乐的代价吧。

---

[1] 博物经济学家，被称为"通俗经济学鼻祖"。弗兰克的"牛奶可乐经济学"系列图书用经济学的理论和方法，解释了现实生活中司空见惯而又未被注意到的现象，将经济学化繁为精，正为经典。该系列书中文简体字版已由湛庐引进、北京联合出版公司出版。——编者注

[2] 英国"首席幸福经济学家"。他在《幸福的社会》一书中，结合心理学、经济学、脑科学、社会学等多个学科，对联合国倡导的"国民幸福指数"代替"国内生产总值"的指导方针进行了全面解读。该书中文简体字版已由湛庐引进。——编者注

永不停歇的好奇心

很多人都认为，从表面上来看，昂贵的瓶装水比自来水可口，真迹总是比赝品看上去高级，但这些看法都忽略了一件事，即快乐也是有深度的。

有时候，人们很在乎事物的本质。例如，很多人都对隐藏在艺术品背后的艺术家非常好奇，很喜欢追问他们的作品反映的故事是真实的还是虚构的。

再举个例子，大自然对人类有着无穷的吸引力，人们想要住在海边或山脚下，亲近植物。在曼哈顿，一套能看得到中央公园绿色草木的公寓比看不到绿色草木的公寓贵很多。很多写字楼里都会设一方中庭，里面摆有各种植物以增加绿意。在探望患者或去约会时，人们常带一束鲜花。在忙了一天回到家之后，很多人会打开地理频道，好好看一眼大自然。此外，人们会在家里养宠物，既可以把宠物当作玩伴，又可以借由宠物与大自然保持联系。而只要一有时间，很多人就会奔向大自然，迫不及待地去登山、露营、划船或打猎。

人们偏爱真实的事物胜过人造物。假设有一天，科技进化到可以造出和真实动物一模一样的机械动物，那么，尽管它们能像宠物一样对人的刺激做出反应，但它们仍然不能像真的动物一样成为人类的伙伴，而只能是玩具。

科学实验室
HOW PLEASURE WORKS

心理学家做了一项实验：他们把一台 50 英寸的高清电视安装在一间没有窗户的车间，让劳作的工人时刻都能看到电视中播出的高清美景。工人们确实很喜欢看，但当用心率检测仪分析他们的压力指数时，研究人员发现，看不看电视对这些工人来说根本没有多大的差别，看电视里的美景与看一堵白墙起的作用是一样的。而真正能为工人减压的方法，是给他们每人一杯咖啡，然后让他们透过窗户看看外面真实的绿植。

人们对真实的大自然情有独钟，这也许是人们会因为逐渐远离大自然而产生焦虑的原因。

进一步说，绝大多数人都明白，在人们的理解范围之外，还有更深层次、更复杂的本质存在，而这种本质才是人们不断寻找的东西。

这种本质大概也是科学的原动力之一。进化生物学家道金斯在《解析彩虹》(*Unwearing the Rainbow*) 一书中回应了诗人约翰·济慈（John Keats）的担忧，即在牛顿利用物理学解开彩虹的成因之后，彩虹的美感就会彻底消失。道金斯认为这种担忧是多余的，他认为："科学带给人们的那种极致的探索感是人类心灵所能感受到的最美好的体验之一，这是一种深层次的美感，可以与音乐和诗歌的美感相媲美。科学让生命更有意义。"道金斯的这些话是在说科学带来的快乐，这种快乐让人们离事物的本质又近了一步。

然而，即使到今天，科学的普及程度仍然不够理想，甚至有些未开化的社会仍处于蒙昧状态。即使在发达国家，迷信的影响力也比科学大。不过，道金斯的观点仍然为科学迷或潜在科学迷拓宽了思路。像《解析彩虹》这样的书能畅销，也说明了读者的口味不俗，虽然他们可能并不从事科研相关的工作，但他们对探究事物的内在本质仍然很感兴趣。

科学并不是人们最常用的探索事物本质的手段，大多数人主要通过其他方式来认识世界。比如，人们在看到所谓的令他们敬畏的奇迹时，可能不会求助于遗传学、化学或物理学常识，而会诉诸宗教信仰。

宗教信仰与科学在很多方面都截然不同。就像心理学家史蒂芬·温伯格（Steven Weinberg）所说的那样，科学理论认为世间万物没有目标性，不会因为某个人的成功或幸福而改变一丝一毫，也不存在一种能规范世间万物的道德准则。然而，宗教理论却认为世界是有特殊意义的，有道德性，也充满了爱。此外，科学有助于人们了解事物的本质，有时甚至能控制它（如利用基因技术等），但宗教却做不到，它提供的认识事物本质的方法仅仅是经验性的。

虽然宗教与科学都是社会的一部分，都能满足人类对超出自身认知能力范围的事物的好奇心，但人类的好奇心先于宗教与科学而存在。即使我们没有宗教信仰，也可以举行某些仪式，就像儿童也会自创某种小仪式。虽然这一点不易理解，但它确实反映了宗教信仰体系的某些深层内涵。一些心理学家在研究了几千名儿童的信仰体系后发现，儿童自创某种仪式完全是出于人类的本能，他们"天生就知道有一种表面上看不到的秩序在冥冥中左右着人类的命运"（威廉·詹姆斯语）。

同样，即使不是科学家，我们也会对事物的起源与本质感兴趣。有心理学家认为，儿童会对人与其他物质心存好奇，想探究其奥秘。他们还认为，儿童认知发展的重要性无异于重大科学进步。也许有人会质疑，儿童这种对宗教与科学天生的好奇心是否会引发人们对本质主义的深思，又能否帮助他们更好地认知世界。前文的一些实验说明，即使学龄前儿童也有基本的本质主义观念，他们都认为事物应该有特定的归类方法，也有内在本质。不过，他们真的会因此对探索事物本质产生浓厚的兴趣吗？这种探索会给他们带来快乐吗？在我看来，现在下定论为时过早。

不过，对成年人来说，就另当别论了。很多人虽然对宗教信仰嗤之以鼻，但他们对探寻超自然存在却很感兴趣。他们也相信事物有内在本质，只不过他们的这种"相信"是建立在宗教信仰之外的。

敬畏感是促使我们不断探索的动力

人类对超自然存在的感觉非常复杂，虽被其吸引，却对其了解甚少，也许这就是所谓的敬畏。

致使人们产生敬畏的原因多种多样。心理学家达契尔·克特纳（Dacher Keltner）认为，最典型的原因就是人们遇到了"神迹"。例如，基督教圣徒保罗在去往大马士革的路上看到了一道比太阳更强的光,然后他失明了。后来,在眼睛被治愈后,保罗皈依了基督教。另一个例子出现在印度教《薄伽梵歌》(*Bhagavad Gita*)的结尾处,英雄阿朱那请求克里希纳神让他看看宇宙的形体,于是克里希纳神给了他一双"宇宙眼",阿朱那借此看到了诸神、太阳以及无穷的空间。他说:"我从未见过这些东西,我的心中充满了喜悦,但恐惧与颤抖也随之出现。"这也是敬畏吧。

随着时间的推移,很多学者渐渐开始将敬畏与神迹之外的其他事物联系起来。埃德蒙·伯克(Edmund Burke)曾提到,当人们听到打雷、欣赏艺术品或听交响乐时,都会被震撼,这种震撼与敬畏很像。他认为,**让人产生震撼感需要具备两个因素:强而有力、晦涩难懂**。时至今日,伯克说的这两个因素仍旧停留在大框架上,没有得到细化。克特纳曾让加利福尼亚大学伯克利分校的学生举出能让人产生敬畏的例子,很多学生都提到了音乐、艺术品、社会名流、宗教体验、感情经历、冥想以及祈祷。有的学生说,当看到红袜队赢得世界职业棒球大赛冠军时,他会产生敬畏;有的学生则说,当与心爱的人缠绵时,他会产生敬畏。

这些经历有共同之处吗?克特纳与心理学家海特一起归纳了这些经历中体现的生理、社会以及智力等方面的特征,他们认为,当人们感到敬畏时,会觉得自己很渺小,同时还会伴随某些生理反应,如不由自主地弯腰鞠躬、下跪或蜷缩起来。

从进化角度来看,敬畏始终是进化史上的谜团之一。克特纳认为,从本质上来说,敬畏是一种社会性情绪,与"人类的集体敬畏感"类似。人类最初敬畏的对象是统一群落的强权人物,在这种人面前,人们会不由自主地贬低自我,变得卑躬屈膝。另外,敬畏与其他社会性情绪很相似,如人们对自己人很忠诚,对外人却畏惧和厌恶。可见,敬畏是社会进化的产物。

克特纳的这种观点虽然吸引人,但仍然存在瑕疵。第一,至今没有人能解释为什么美国大峡谷、印象派画作等对增加群落凝聚力无益的事物也能引起人们的敬畏。第二,人们由于进化而对某些强权人物卑躬屈膝,这种说法有些牵强。因为在远古时期,这些强权人物并不是圣人,他们要求的不是人们对整个群落的服从,而是对强权人物个人的服从;此外,强权人物还想掌控人们的配偶、孩子与资源。那么,人们为什么心甘情愿地将这些献给强权人物呢?这种不合理的要求怎么会通过进化代代相传呢?想象一下你就能明白:有两个原始人,一个对部落首领非常敬畏,甘心献出自己的一切,另一个则比较叛逆。你认为谁的基因能胜出,继而代代相传、繁衍不息?

对此,克特纳也许会提出反对意见,因为他是敬畏的推崇者,认为敬畏"能改变人类,促使人们追求更有意义的生活,为大善贡献自己的力量"。而在我看来,没有敬畏的世界可能会更好,人们会冷静而客观地评估强权人物的能力,分析他们的目的而不是急于卑躬屈膝,人们的生活也会更幸福。

克特纳在谈到敬畏时,他想的也许都是舍生取义的人物,如圣雄甘地。而我在想到敬畏时,会不由自主地想到极权人物、信奉一夫多妻制的狂热分子以及君主论拥护者,这些人时刻都在想如何利用人类的敬畏心理为所欲为。

如果敬畏不是社会进化的产物，那么，它究竟是什么呢？有种理论认为，敬畏是偶然产生的。人们对寻找事物本质很感兴趣，在找到之后会觉得心满意足。通过探索获得的答案是促使人们不断进行探索的动力。

不过，人们的欲望是无限的，也许敬畏是不堪重负的产物，毕竟人类需要处理的事物太多了。

想象力造就一场"思想实验"

想象力是很有用的。它能让人们对将来发生的事预先制订计划、做好准备，也能让人们了解其他人的想法（即使其他人的想法在人们看来是错误的），这对教育、社交以及恋爱都非常有用。**想象力与人类的本质主义相结合，能为人们提供无穷的快乐。**

第一，想象力让小说和艺术成为可能。作家和艺术家都是非常有想象力的，对读者或观众来说，想象力同样重要。如果没有想象力，人们就无法想象小说中的种种情节，看小说的乐趣就会大大减少。对欣赏艺术品来说，一部分乐趣来自艺术品的创作过程，人们会不断地想象眼前的艺术品是如何被一步步创作出来的。这是一个倒推的过程，不需要亲眼看见创作过程，只需要在脑中进行演练即可。如果没有想象力，那么当你看到一幅画时，你也许会被五颜六色的油彩吸引，但无法真正欣赏它。

第二，想象力让科学与宗教成为可能。如果没有想象力，人类就想象不出完美的球体与无垠的空间，也就想象不出天堂与地狱，那么，科学与宗教都不会存在。如果没有想象力，人们就想象不到岩石是由细小的颗粒及能量场组成的。而当你读到这里时，你会发现，列举人类没有想象力会怎样的各种情形，也是一种想象，如果没有想象力，你就无法理解这种假设。

在科学领域，想象力有一种特殊的用途，哲学家称之为"思想实验"，即学者在阐释或检测某种假设时会在脑中想象特定的后果。例如，伽利略利用思想实验推翻了亚里士多德的理论，爱因斯坦利用思想实验研究相对论。

在宗教领域，想象力的作用主要表现为讲故事与对故事的理解。一方面，宗教经文因为充满了各种故事而变得很有吸引力，也更容易被记住；另一方面，很多宗教仪式都带有表演意味，即使信徒心中明白，也要当作不知。这和一个4岁的孩子把自己的手当作枪或把香蕉当作电话没有差别。同样，宗教要求信徒相信信条对世间万物的解释，这和科学家相信水是由分子构成的类似。

也许，有的天主教徒认为领圣餐纯粹是一种仪式，没有任何形而上学的暗示。其实，祈祷也是如此。对有些人来说，祈祷是自己与神交流的一种方式，而对有些人来说，这只是个仪式罢了。在大部分人看来，祈祷介于以上二者之间，处于一个模棱两可、无法确定的中间地带。

这个中间地带很有意思，让我想起了心理学家温尼科特的观点，他认为孩子的泰迪熊或安全毯等物品都是母亲或母亲乳房的替代物。那么，孩子究竟是如何看待这些替代物的呢？他们能否意识到这些物品是替代物？如果他们意识到了，那么他们会认为这些替代物替代的是母亲或母亲乳房吗？对此，温尼科特给出了一个很奇怪的评论："替代物是成年人与孩子的某种约定，我们约定好不去问孩子们是否明白替代物的意思，而且孩子们也根本不会回答。因此，这样的问题连提都不应该提。"

换句话说就是，沉默是金。科学也同样存在中间地带的问题，如夸克与超弦理论是真实存在的还是人们胡扯的。很多人也许会建议说："别深究了，沉默是金。"

总之，想象力与超自然密不可分。想象力是帮助人们获得某些超越性快乐的工具，让人们不仅有能力尝试连接到更深层次的现实，而且有能力设想这个现实可能是什么。

孩子也具有这种对超自然存在的想象能力。教育学家肯·罗宾逊（Ken Robinson）[①]曾和我讲过的一个例子，可以用来证明这种观点：

[①] 全球知名教育家、人类创造力开发专家。罗宾逊在"教育创新五部曲"《让天赋自由》《发现天赋的 15 个训练方法》《让思维自由》《让学校重生》《什么是最好的教育》中，分别探讨了天赋、思维创新、教育系统及孩子教育等问题，引领了一场教育的变革。该书中文简体字版已由湛庐引进。——编者注

有个6岁的小女孩在教室里聚精会神地画画。20分钟后,老师走过去问她在画什么。

  小女孩头也不抬地说:"我在画上帝。"
  老师很惊讶地说:"没人知道上帝长什么样啊!"
  小女孩回答说:"等我画出来就知道了。"

未来，属于终身学习者

我们正在亲历前所未有的变革——互联网改变了信息传递的方式，指数级技术快速发展并颠覆商业世界，人工智能正在侵占越来越多的人类领地。

面对这些变化，我们需要问自己：未来需要什么样的人才？

答案是，成为终身学习者。终身学习意味着具备全面的知识结构、强大的逻辑思考能力和敏锐的感知力。这是一套能够在不断变化中随时重建、更新认知体系的能力。阅读，无疑是帮助我们整合这些能力的最佳途径。

在充满不确定性的时代，答案并不总是简单地出现在书本之中。"读万卷书"不仅要亲自阅读、广泛阅读，也需要我们深入探索好书的内部世界，让知识不再局限于书本之中。

湛庐阅读 App: 与最聪明的人共同进化

我们现在推出全新的湛庐阅读 App，它将成为您在书本之外，践行终身学习的场所。

- 不用考虑"读什么"。这里汇集了湛庐所有纸质书、电子书、有声书和各种阅读服务。
- 可以学习"怎么读"。我们提供包括课程、精读班和讲书在内的全方位阅读解决方案。
- 谁来领读？您能最先了解到作者、译者、专家等大咖的前沿洞见，他们是高质量思想的源泉。
- 与谁共读？您将加入优秀的读者和终身学习者的行列，他们对阅读和学习具有持久的热情和源源不断的动力。

在湛庐阅读 App 首页，编辑为您精选了经典书目和优质音视频内容，每天早、中、晚更新，满足您不间断的阅读需求。

【特别专题】【主题书单】【人物特写】等原创专栏，提供专业、深度的解读和选书参考，回应社会议题，是您了解湛庐近千位重要作者思想的独家渠道。

在每本图书的详情页，您将通过深度导读栏目【专家视点】【深度访谈】和【书评】读懂、读透一本好书。

通过这个不设限的学习平台，您在任何时间、任何地点都能获得有价值的思想，并通过阅读实现终身学习。我们邀您共建一个与最聪明的人共同进化的社区，使其成为先进思想交汇的聚集地，这正是我们的使命和价值所在。

CHEERS

湛庐阅读 App
使用指南

读什么
- 纸质书
- 电子书
- 有声书

怎么读
- 课程
- 精读班
- 讲书
- 测一测
- 参考文献
- 图片资料

与谁共读
- 主题书单
- 特别专题
- 人物特写
- 日更专栏
- 编辑推荐

谁来领读
- 专家视点
- 深度访谈
- 书评
- 精彩视频

HERE COMES EVERYBODY

下载湛庐阅读 App
一站获取阅读服务

How Pleasure Works

Copyright © 2010 by Paul Bloom

All rights reserved.

本书中文简体字版经授权在中华人民共和国境内独家出版发行。未经出版者书面许可，不得以任何方式抄袭、复制或节录本书中的任何部分。

著作权合同登记号：图字：01-2023-3226号

版权所有，侵权必究
本书法律顾问　北京市盈科律师事务所　崔爽律师

图书在版编目（CIP）数据

欲望的新科学 /（加）保罗·布卢姆（Paul Bloom）著；光子译. --北京：中国纺织出版社有限公司，2023.8
书名原文：How Pleasure Works
ISBN 978-7-5229-0733-8

Ⅰ.①欲… Ⅱ.①保… ②光… Ⅲ.①行为主义-心理学-通俗读物 Ⅳ.①B84-063

中国国家版本馆CIP数据核字（2023）第124363号

责任编辑：刘桐妍　　责任校对：高　涵　　责任印制：储志伟

中国纺织出版社有限公司出版发行
地址：北京市朝阳区百子湾东里A407号楼　邮政编码：100124
销售电话：010—67004422　传真：010—87155801
http://www.c-textilep.com
中国纺织出版社天猫旗舰店
官方微博 http://weibo.com/2119887771
天津中印联印务有限公司印刷　各地新华书店经销
2023年8月第1版第1次印刷
开本：710×965　1/16　印张：15
字数：176千字　定价：99.90元

凡购本书，如有缺页、倒页、脱页，由本社图书营销中心调换